KB005549

길따라 바람따라

우리땅 둘레길

123일 3,456km

우리땅 둘레길 123일 3,456㎞

펴낸날 2017년 5월 16일
2쇄 펴낸날 2017년 7월 7일

지은이 고광훈
펴낸이 주계수 | **편집책임** 윤정현 | **꾸민이** 이슬기

펴낸곳 밥북 | **출판등록** 제 2014-000085 호
주소 서울시 마포구 월드컵북로 1길 30 동보빌딩 301호
전화 02-6925-0370 | **팩스** 02-6925-0380
홈페이지 www.bobbook.co.kr | **이메일** bobbook@hanmail.net

© 고광훈, 2017.
ISBN 979-11-5858-262-3 (03980)

※ 이 도서의 국립중앙도서관 출판시도서목록(CIP)은 e-CIP 홈페이지(http://www.nl.go.kr/
cip)에서 이용하실 수 있습니다. (CIP 2017010958)

길따라 바람따라

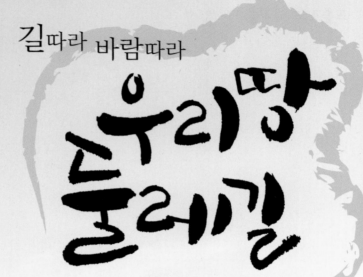

우리땅 둘레길

123일 3,456km

여 천

밥북
B·O·O·K

프롤로그 - 길을 나서면서

누구나 따뜻하고 행복하게 살 집을 짓고 싶어 한다. 먼저 터 파기를 한다. 터를 평평하게 고른다. 주춧돌을 갖춘다. 기둥을 세우고 대들보와 마룻대, 처마도리, 중도리를 올린다. 서까래를 걸친다. 그리고 지붕을 얹는다. 벽 쌓기를 하고 문짝을 단다. 구들을 놓고 방을 만든다.

마당에는 잔디와 꽃밭을 가꾸고 볕이 잘 드는 곳에 장독대도 놓는다. 대문으로 이어지는 집 마당 길에 디딤돌도 깐다. 울타리 담장을 쌓고 정원과 연못도 만든다. 정원에는 소나무, 감나무, 매화나무, 명자나무, 배롱나무, 능소화를 심는다. 그러면 사시사철 푸르고 붉음으로 가득하겠다.

마지막으로 대문에 문패를 단다. '대·한·민·국' 아름다운 내 나라, 내 집이다. 담장은 울타리가 되어 외부로부터 구분되는 생존의 영역표시이다. 그리고 울타리 안의 인간사는 시나브로 울타리 밖 이웃에게 알려진다.

대한민국 헌법 제3조 "대한민국의 영토는 한반도와 그 부속도서로 한다."

이 아름다운 우리 강토의 울타리 길을 걸어 보며 대한민국의 인정과 자연의 소리를 마음껏 느껴보려고 한다. 牛步千里! 소걸음처럼 도심길, 산길, 들길, 숲길, 해변길 걸으며 온갖 인간 군상들이 어울려 살아가는 모습을 가슴속 깊숙이 담아보려고 한다. 비록 한반도의 북쪽 울타리 압록강, 두만강 길 1,400여Km는 뒷날로 기약하더라도 더 늦기 전에 내 인생의 버킷리스트 중 한 가지를 실행에 옮겨야 하겠다. '시작이 반이다!' DMZ 분단의 길, 동해 해돋이길, 남해 섬돌이길, 서해 해넘이길, 서울 도성 길을 힘닿는 데까지 걸어보려고 한다.

2002년, 20년간의 직장생활과 3년간의 학원 사업을 접고 평소 관심 분야인 한국 고대사의 발자취, 특히 광활한 만주 대륙의 지배자, 고구려와 발해의 역사기록과 발자취를 찾아볼 겸, 배낭 메고 중국의 동북 3성 遼寧省, 黑龍江省, 吉林省 지역을 떠돌아 다니다가, 백두산 아래 첫 동네 二道白河에서 산장호텔을 경영하며 10여 년 동안 백두산록의 미인송과 자작나무 숲속에서 살았다. 그동안 혼자, 혹은 친구들과, 때로는 산장의 여행객들과 백두산의 3개 입산 코스인 북파, 서파, 남파지역을 통해 천문봉, 청석봉, 관면봉 등 2,500m 이상의 백두 준봉과 천지 못을 오르길 70여 회, 제법 백두산 산지기가 되었다.

그런데 2010년 가을, 갑자기 찾아오는 서너 차례 흉통을 겪고서 삼성병원 응급실로 입원하여 심근경색으로 인한 스텐트 시술 후 인생의 고비를 가까스로 넘겼다. 이후 지금까지 3~4개월마다 마치 초등학생이 숙제 검사받듯이 순환기 내과, 내분비 내과, 안과, 신장내과 등 4개과를 순방한다. 40여 년간 혈연관계 이상으로 사랑했던 하루 2갑의 담배는 절연

했다. 그러나 음주문화 생활의 유혹은 차마 거절하지 못하고, 대신 석촌호수 동호, 서호를 매일 3바퀴 돌고 있다. 그러다 얼핏 머릿속에 떠오르는 생각은 이 조그만 석촌호수가 아닌 더 넓은 곳으로 돌아보자.

대·한·민·국· 한 바퀴!

2013년 10월 1일 화창한 날씨 속에서 석촌호수 서호 수변무대에서 출발하다!

2013년 9월
珽 友 堂 에서

제1부 | DMZ⁷길 – 17일 416km

제 2 부 | 동해 해돋이길 – 21일 626km

제3부 | 남해 섬돌이 길 – 47일 1,374km

제4부 | 서해 해넘이 길 - 33일 907㎞

제 5 부 | 서울 도심길 – 5일 133km

길을 나서면서 이렇게 준비했습니다

- 휴대용 버너·코펠
- 모자, 안경, 헤어밴드, 두건
- 배낭
- 접이식 의자
- 트레킹화
- 스틱, 호루라기, 라디오
- 경광봉

길을 나서면서 이렇게 준비했습니다

☑ 일정 짜기

- 일일 보행 거리는 30~36km로 조정, 4km 도보 후 10~15분 휴식 하루 8~9시간 도보, 일주일 4~5일 걷기
- 일기예보 체크: 오전, 오후, 주간
- 주간 단위 여행코스 점검: 지도, 지역 정보, 환경, 지형, 기타
- 일몰 후 도보여행 금지 원칙
- 숙박업소는 반드시 예약, 없는 지역일 경우 사전 지역단체 (면사무소, 지역회관 및 단체 등)에 문의, 확인. 비박의 경우 필수적으로 안전대책 수립
- 혼영(혼자여행)인가 복영(복수여행)인가에 따라 일정 짜기도 달라진다.

☑ 중요 장비

대도시, 중소도시의 경우 숙박과 먹거리 해결이 용이하나 시골의 경우 숙박, 먹거리 해결이 힘든 경우가 많다. 그리고 도로의 경우, 차량통행이 빈번하고 특히 과속차량이 많아서 인도, 차도 구분이 없는 도로를 걷는 경우도 대비해야 한다.

- 배낭

장거리 여행에서는 수납공간이 많은 배낭이 좋다. (본인은 K2 카메라 가방사용: 내부 2단 분리 가능/수납공간 아홉 군데) 허리끈, 어깨끈, 가슴 끈이 편안해야 한다.

무거운 짐은 위쪽, 등 쪽으로 배치하고 가벼운 짐은 아래쪽, 바깥쪽에 배치한다.

- 트레킹화

장거리 여행 시 제일 중요한 신발은 되도록 가벼워야 하며 두꺼운 양말 착용 시 발가락, 발의 볼, 발등에 압박이 없어야 한다. 그리고 발바닥의 쿠션감이 좋아야 한다. (본인은 120일간 리복 워킹화에 신발쿠션용 깔창을 추가로 보완, 봄·가을 계속 착용) 신발 끈을 오르막길에는 조금 느슨하게, 내리막길에는 적당히 조여 맨다. 휴식 때는 반드시 벗어서 잘 말리고 숙박 시에는 신발 안쪽에 신문지를 넣어 습기를 제거하는 노력이 반드시 필요하다.

- 휴대용 버너·코펠

선택의 기준은 성능과 크기, 단순성을 고려한다.

길을 나서면서 이렇게 준비했습니다

- 의류 (겉옷, 상의, 하의, 속옷)

  장거리 도보여행 시 사계절 모두 소매가 긴 옷이 좋다. 비·바람·눈 등을 차단해서 자외선과 추위로부터 몸을 보호해준다. 바람막이 겉옷도 반드시 필요하다. 상의는 땀 흡수성이 좋으며(일주일 2~3벌) 하의는 신축성이 좋고 허리·무릎이 조이지 않는 바지가 좋다. 속옷은 면 소재보다 촉감과 땀 흡수가 좋은 기능성 소재를 주간당 4~5벌 준비한다. 바람막이 후드티, 다용도 조끼 등이 유용하다.

- 양말·발목 밴드

  장거리 도보여행 시 2켤레를 껴 신는 것이 좋다. 주간 4~6켤레 준비한다. 발목 보호용 밴드도 필요하다.

- 모자, 안경, 헤어밴드, 두건

  자외선 차단용으로 차양이 넓은 모자, 일반 운동모자 비, 눈, 바람막이용 벙거지 모자 등 3종이 필요하며 선글라스도 필수품이다. 땀흡수용, 피부 보호용 헤어밴드, 두건도 필요하다.

- 스틱, 호루라기, 라디오

  경사진 산길, 오솔길 등에 이용되며 멧돼지 등 동물퇴치용으로 요긴하다.

- 경광봉

장거리 여행 시 안전을 보장하는 필수품이다. 인도·차도 구분이 없는 도로, 터널 내, 야간 주행 시 반드시 필요하다. 그리고 몇 가지 기능이 추가된(소리, 불빛 점멸등) 경광봉은 동물퇴치용으로 요긴하게 사용된다.

- 헤드 랜턴

야간 도보, 터널 통행, 기타 작업 시

- 수첩, 메모지

일기, 메모, 기록용으로 간편하게 적고, 간직할 수 있는 크기로 포켓용이 적당하다.

- 접이식 의자

도보여행 시 잠깐 앉아서 경관을 조망하거나, 사진을 찍거나 휴식할 경우가 많다. 굉장히 요긴하다.

- 의약품

구급약, 구급대, 상비약, 자외선 차단제, 물티슈, 일회용 비닐팩, 비닐봉지 등.

길을 나서면서 이렇게 준비했습니다

☑ 먹거리

장거리 도보여행 시 각자 취향에 따라 먹거리를 미리 준비하는 것
이 필요하다. 도시 지역이 아닌 경우 조식은 미리 준비할 필요가 있
는 경우가 많다. 보통 일회용 라면·우동·김밥·햇반 등과 기호식품,
커피·음료·우유·두유 등을 준비한다. (본인의 경우 저녁에 누룽지
또는 햇반을 생수에 불려 두었다가 새벽에 양파, 마늘, 깨, 호두 등
을 넣어 죽을 끓여 먹길 좋아한다. 반찬은 전날 저녁 식당에서 일회
용 컵에 2~3가지 부탁한다.)

- 빙수보관방법

장거리 여행 시 더운 날씨가 계속될 경우 얼음물 한 컵은 정말 귀한
생명수이다.
준비: 500㎖ 생수 4병정도 준비. 2병은 전날 70%(350㎖) 냉동한다.
도보 여행 전 얼린 빙수에 30%(150㎖) 생수를 채운다. 비닐 랩으로
2~3겹 포장하고 신문지·의류 등으로 감싼다. 이 방법으로 6~8시
간 정도 시원한 냉수를 즐길 수 있다.

☑ 사진 촬영, 검색, 기록

장거리 여행 시 카메라가 있으면 좋지만, 전문 사진작가가 아니면 휴대폰 카메라도 화질이 뛰어나 부족함이 없다. 그런데 많은 사진과 지도 검색, 정보 조회, 기록이 필요하다. 따라서 휴대폰 배터리는 2~4개, 넉넉히 준비할 필요가 있다. (만약 시골길에서 배터리가 방전될 경우를 상상하면 골치가 약간 아프지 않을까?)

☑ 네이버 지도 앱·구글 지도 앱

검색 장소의 주소, 주변 정보, 숙박, 식당, 도로, 경로, 거리 등 유용한 정보 이용.

☑ 보행 시 필수 유의사항

장거리 여행의 기본은 첫째도 안전, 둘째도 안전입니다. 도보 여행 시 순간적으로 위험이 닥칠 때도 있다.

- 산복도로 좁은 S자 코스로 트럭 또는 트레일러 진입 시 차체 뒷부분은 사정없이 보도를 덮칠 수 있다. 미리 차량의 진행방향과 속도에 대비해야 한다.
- 차량의 진행방향에 맞서서 걷는 것이 오히려 안전합니다. 차량의 진행과 같은 방향이면 뒤쪽에서 달려오는 차량의 속도, 주행형태를 모르기 때문에 오히려 더 위험합니다. 경광봉을 흔들면서 운전자를 주시하면 서로 조심하게 된다.

☑ **기타**

비상연락망은 범죄신고(112) 화재·구조·구급·재난신고(119)를 숙지하고 가정에 출발·귀가·일정표를 알려두는 지혜가 필요하다.

DMZ길 - 17일 416km

일차	날짜	출발지	도착지	도로명	거리(km)	누계(km)
1	13.10.01.	잠실 석촌호수 서호수변무대	영등포 당산역 수상택시 입구	한강 자전거 도로	22.7	22.7
2	13.10.02.	영등포 당산역 수상택시	일산 정발산공원	39/71	23.5	46.2
3	13.10.03.	일산 정발산공원	오두산 통일전망대	359/360	23.5	69.7
4	13.10.08.	오두산 통일전망대	파평 화석정	359/364/37	23.0	92.7
5	13.10.09.	파평 화석정	연천 백학 저수지	37/371	29.3	122.0
6	13.10.10.	연천 백학저수지	연천 상리 신망리역	371/372/78	25.0	147.0
7	13.10.14.	연천 상리 신망리역	철원 도피안사	3/87	23.2	170.2
8	13.10.15.	철원 도피안사	철원군 서면 와수리	464/11	26.3	196.5
9	13.10.16.	철원군 서면 와수리	화천군 봉오삼거리	56/461	22.8	219.3
10	13.10.17.	화천군 봉오삼거리	화천읍 풍산리	461/460	26.6	245.9
11	13.10.28.	화천읍 풍산리	화천읍 비수구미	460	19.0	264.9
12	13.10.29.	화천읍 비수구미	양구군 방산면 송현리	460	25.0	289.9
13	13.10.30.	양구 방산면 송현리	양구군 해안면 현리	31/460	28.0	317.9
14	13.10.31.	양구군 해안면 현리	인제군 북면 원통리	453	30.3	348.2
15	13.11.01.	인제 북면 원통리	인제군 북면 한계리	453	19.0	367.2
16	13.11.06.	인제 북면 백담사 버스터미널	고성군 간성읍 광산초교	46	26.4	393.6
17	13.11.07.	고성군 간성읍 광산초교	통일전망대 출입신고소	46/7	22.4	416.0km

416km÷17일=24.5km(일 평균)

비용 670,600원÷17일=40,000원(일 평균)

동해 해돋이길 - 21일 626㎞

일차	날짜	출발지	도착지	도로명	거리(㎞)	누계(㎞)
18	14.5.19.	고성 통일관	고성군 죽왕면 공현진리 143	7	27.3	27.3
19	14.5.20.	고성군 죽왕면 공현진리	양양군 강현면 물치리 19	7	31.6	58.9
20	14.5.21.	양양군 강현면 물치리 19	양양군 현남면 인구리 638-1	5/7	33.7	92.6
21	14.5.22.	양양군 현남면 인구리 638-1	강릉시 송정동 87	7	32.5	125.1
22	14.5.26.	강릉시 송정동 87	강릉시 강동면 심곡리 102	5/7	25.1	150.2
23	14.5.27.	강릉시 강동면 심곡리 102	삼척시 교동 413-5	7	38.7	188.9
24	14.5.28.	삼척시 교동 413-5	삼척시 원덕읍 갈남리 신남항	7	37.2	226.1
25	14.5.29.	삼척시 원덕읍 신남길 117 신남항	삼척시 원덕읍 호산리 호산시외버스터미널	7	14.1	240.2
26	14.6.02.	삼척시 원덕읍 호산리	울진군 죽변면 봉평리 봉평해변	7	20.1	260.3
27	14.6.03.	울진군 죽변면 봉평리 봉평해변	울진군 기성면 봉산리 331-5	7/917	37.1	297.4
28	14.6.04.	울진군 기성면 봉산리 331-5	영덕군 축산면 축산리 축산항	6/7	38.6	336.0
29	14.6.05.	영덕군 축산면 축산리 축산항	영덕군 강구면 오포리 강구항	7/20	20.9	356.9
30	14.6.16.	영덕군 강구면 오포리 강구항	포항시 북구 청하면 월포리 월포해수욕장	79/11	22.2	379.1
31	14.6.17.	포항시 북구 청하면 월포리 월포해수욕장	포항시 남구 동해면 입암리 산타크루즈펜션	7/20/929	42.0	421.1
32	14.6.18.	포항시 호미곶면 구만리 올레길펜션	포항시 남구 장기면 모포리 338-1	929	25.8	446.9
33	14.6.19.	포항시 남구 장기면 모포리 338-1	경주시 양남면 나아리 나아해변	31	34.4	481.3

일차	날짜	출발지	도착지	도로명	거리(km)	누계(km)
34	14.6.30.	경주시 양남면 나아리 나아해변	울산광역시 동구 주전 몽돌해변	31	22.2	503.5
35	14.7.01.	울산광역시 동구 주전 몽돌해변	울산 남구 야음동 장생포동 주민센터		38.4	541.9
36	14.7.02.	울산 남구 야음동 장생포주민센터	기장군 일광면 신평리 칠암항	31	38.5	580.4
37	14.7.03.	기장군 일광면 신평리 신평소 공원	부산 해운대구 송정동 297-40 송정해수욕장	31	23.4	603.8
38	14.7.04.	해운대 송정동 송정해수욕장	부산 남구 용호동 산 196-1 오륙도해맞이공원		22.2	626.0

626km÷21일=29.8 km(일 평균)

비용 1,350,200원÷21일=65,000원(일 평균)

남해 섬돌이길 − 47일 1,374㎞

일차	날짜	출발지	도착지	도로명	거리(km)	누계(km)
39	14.10.05.	오륙도해맞이공원	CJ 대한통운 부산 컨테이너 터미널`		5.7	5.7
40	14.10.06.	대교동 2가 32-1	다대포항		32.0	37.7
41	14.10.07.	다대포항	부산·진해 경제자유구역청		21.8	59.5
42	14.10.08.	옥포동 아주파크호텔	동부면 학동리 학동 몽돌해변	58/14	33.5	93.0
43	14.10.09.	학동몽돌해변	동부면 가배 장사도선착장	14	34.4	127.4
44	14.10.10.	동부 가배선착장	둔덕면사무소	1018	29.7	157.1
45	14.10.11.	둔덕면사무소	고현시외버스터미널	14	25.2	182.3
46	14.10.14.	고현시외버스터미널	장목면 농소 몽돌해수욕장	10/1018	29.1	211.4
47	14.10.15.	농소 몽돌해수욕장	옥포동 534-3	1018	33.4	244.8
48	14.10.16.	거제 사등면 오량초등학교	통영시 도산면사무소	14/67/1021	36.0	280.8
49	14.10.17.	도산면사무소	고성군 송천리	1010/77	34.0	314.8
50	14.10.18.	고성군 송천리	사천시 서금동 노산공원	1010/77	27.0	341.8
51	14.10.19.	사천시 노산공원	남해군 물건리 해오름예술촌	3/77	28.7	370.5
52	14.10.28.	남해군 물건리 해오름예술촌	양아리 벽련항	3/77/19	30.3	400.8
53	14.10.29.	양아리 벽련항	남면 평산항	77/19	27.8	428.6
54	14.10.30.	남면 평산항	고현면 차면리 관음포	1024/77/19	28.1	456.7

일차	날짜	출발지	도착지	도로명	거리(km)	누계(km)
55	14.10.31.	관음포	동비교	19/1024	18.1	474.8
56	14.11.01.	동비교	창선교	1024	23.6	498.4
57	14.11.02.	노량충열사	섬진대교	17/16	18.2	516.6
58	14.11.03.	섬진대교	여수 엑스포역	59	31.3	547.9
59	14.11.04.	여수 엑스포역	항일암	17/77	31.0	578.9
60	14.11.05.	항일암	돌산공원	17/77	37.1	616.0
61	14.11.18.	돌산공원	백야도 화정우체국	22/77	34.6	650.6
62	14.11.19.	백야도 화정우체국	달천교	77/863	35.2	685.8
63	14.11.20.	달천교	순천만 생태공원	863	32.9	718.7
64	14.11.21.	순천만 생태공원	중산리 일몰전망대	2/15/27	33.5	752.2
65	14.11.22.	중산리 일몰전망대	우천리 용암마을	843/13	34.8	787.0
66	14.11.23.	우천리 용암마을	엄남마을회관	13/77/15	37.6	824.6
67	14.11.24.	엄남마을회관	발포해수욕장	15/77	28.8	853.4
68	14.11.25.	발포해수욕장	소록도병원	77	28.6	882.0
69	14.11.26.	소록도 병원	일정리	27	34.3	916.3
70	14.11.27.	녹동신항	과역농협	77/27	32.4	948.7
71	14.12.01.	과역농협	신기리 복지회관	15/77/26	20.3	969.0
72	14.12.02.	신기리 복지회관	율포 녹차해수탕	851/1/845	27.3	996.3

일차	날짜	출발지	도착지	도로명	거리(km)	누계(km)
73	14.12.03.	율포 녹차해수탕	천관회관	18/77/7	34.8	1031.1
74	14.12.04.	천관회관	고금국민체육센터	23/77	29.6	1060.7
75	14.12.05.	고금국민체육센터	원동선착장	77/13	30.2	1090.9
76	14.12.07.	장보고어린이공원	원동선착장	13/77	28.5	1119.4
77	14.12.08.	원동선착장	땅끝전망대	77	27.5	1146.9
78	14.12.09.	땅끝마을	율동삼거리	77	32.8	1179.7
79	14.12.21.	율동마을	녹진버스터미널	18/77	32.2	1211.9
80	14.12.22.	녹진버스터미널	고야리	803/11	27.4	1239.3
81	14.12.23.	길은 사거리	서망항	803/3	33.2	1272.5
82	14.12.24.	서망항	회동전망대	18	31.8	1304.3
83	14.12.30.	회동전망대	우수영	18/801	32.3	1336.6
84	14.12.31.	우수영	영암갑문	77/49	22.3	1358.9
85	15.1.01.	영암갑문	평화광장		15.1	1374.0

1,374km÷47일=29.2km(일 평균)

비용 2,538,150원÷47일=54,000원(일 평균)

서해 해넘이길 - 33일 907km

일차	날짜	출발지	도착지	도로명	거리(km)	누계(km)
86	15.4.09.	평화광장	신안군 압해읍 복룡리 농원	1/2/77	25.1	25.1km
87	15.4.10.	압해읍 북룡리농원	무안군 현경면사무소	77/24	22.2	47.3
88	15.4.11.	무안군 현경면사무소	함평군 손불면 월천리 해당화 다목적센터	811	22.6	69.9
89	15.4.12.	함평군 손불면 월천리 해당화 다목적센터	백수읍 백암리 풍경마루	838/808/77	27.8	97.7
90	15.4.13.	백수읍 백암리 풍경마루	법성버스터미널	77	14.8	112.5
91	15.4.18.	법성면 법성버스터미널	고창군 동호해수욕장	77/842/733/1	28.2	140.7
92	15.4.19.	고창군 동호해수욕장	고창군 선운사	77/22	20.9	161.6
93	15.4.20.	고창군 선운사 입구	부안군 줄포버스터미널	734/18	22.4	184.0
94	15.4.21.	줄포버스터미널	변산 샹그릴라	23/30	26.3	210.3
95	15.4.22.	변산 샹그릴라	고사포해수욕장	30/77	19.2	229.5
96	15.4.28.	고사포해수욕장	야미도	77	27.4	256.9
97	15.4.29.	야미도	군산 소룡동 주민센터	77/21	29.6	286.5
98	15.4.30.	소룡동 주민센터	서천군 종천면 화산리	21/68/4	33.6	320.1
99	15.5.01.	서천군 종천면 화산리	무창포 오토캠핑장	607/8	30.6	350.1
100	15.5.05.	무창포 오토캠핑장	대천 연안여객선터미널	607	13.7	363.7
101	15.5.06.	대천 연안여객선터미널	태안 신온삼거리	77	29.9	393.6
102	15.5.07.	태안 신온삼거리	서산 팔봉면 덕송리	77/32/634	35.2	428.8

일차	날짜	출발지	도착지	도로명	거리(km)	누계(km)
103	15.5.08.	서산 팔봉면 덕송리	삼길포항 입구	634/11/77/38	30.2	459.0
104	15.5.18.	태안버스터미널	신두리 해안사구	32/11	30.6	489.6
105	15.5.19.	신두리 해안사구	만대항	634/10/603	27.3	516.9
106	15.5.20.	만대항	무내교차로	603	29.5	546.4
107	15.5.21.	삼길포항	안섬휴양공원	77/615	36.0	582.4
108	15.5.22.	안섬휴양공원	평택호 관광단지	633/38/77	28.3	610.7
109	15.5.26.	평택호 관광단지	화성 궁평항	34/77	36.0	646.7
110	15.5.27.	화성 궁평항	안산 쌍계사	38/77/301	29.5	676.2
111	15.5.28.	안산 쌍계사	인천 소래포구역	301	28.7	704.9
112	15.6.01.	소래포구 종합어시장	인천대교 기념관	77	28.2	733.1
113	15.6.02.	인천대교 기념관	삼목선착장		28.6	761.7
114	15.6.03.	운북동 361-1(영종도)	김포시 대곶면 약암로 874		29.2	790.9
115	15.6.04.	김포시 대곶면 약암로 874	화도면 여차리 강화갯벌센터	356/13/18	26.0	816.9
116	15.6.08.	강화 갯벌센터	이강리 배꽃집	18/4	29.1	846.0
117	15.6.09.	이강리 배꽃집	분진중학교(월곶면)	17/9/48	31.3	877.3
118	15.6.10.	분진중학교	일산 발리등공예	56/78/98	29.7	907.0

907km÷33일=27.5km(일 평균)

비용 1,793,600원÷33일=55,000원(일 평균)

서울 도성길 - 5일 133km

일차	날짜	출발지	도착지	도로명	거리(km)	누계(km)
119	15.6.11.	일산 발리등공예	의정부 한솔주유소	356/39	29.0	29.0
120	15.6.16.	한솔주유소	동구릉	39/43	29.3	58.3
121	15.6.17.	동구릉	광주시 중부면사무소	왕숙천 한강변	27.9	86.2
122	15.6.18.	광주시 중부면사무소	분당 탑마을 대우APT	43/3	24.3	110.5
123	15.6.19.	성남시 탑마을 대우APT	잠실 석촌호수 서호	탄천변	22.5	133.0

133km÷5=26.6km(일 평균)
비용 42,500원÷5일=9,000원(일 평균)

전체 여정 - 123일 3,456km

구분	날짜	도보기간	거리		비용	
			총 거리	평균	총계	평균
DMZ길	13.10.1. - 13.11.7.	17일	416km	24.5km	671,000	40,000
동해 해돋이길	14.5.19. - 14.7.4.	21일	626km	29.8km	1,351,000	65,000
남해 섬돌이길	14.10.5. - 15.1.1.	47일	1,374km	29.2km	2,539,000	54,000
서해 해넘이길	15.4.9. - 15.6.10.	33일	907km	27.5km	1,794,000	55,000
서울 도성길	15.6.11. - 15.6.19.	5일	133km	26.6km	43,000	9,000
합계	2013년 가을 2014년 봄·가을 2015년 봄	123일	3,456km	28.1km	6,398,000	52,000

제 1 부

DMZ길

- 17일 416㎞

2013.10.01.~2013.11.7.

416k m÷17일=24.5 ㎞(일 평균)

비용 670,600원÷17일 = 40,000원(일 평균)

001일차 2013.10.01.(화)

석촌호수 서호 수변무대 ~ 영등포 당산 수상택시 승강장 입구

한강공원 자전거 길을 따라 강바람 맞으며

▷ 들머리		석촌호수 수변무대		
1구간	09:00-10:15	영동대교 남단	5.3km	75분
2	10:25-11:15	한남대교 남단	3.8km	50분
3	11:25-12:00	반포대교 남단	2.7km	35분
4	12:50-13:40	한강대교 남단	3.8km	50분
5	13:55-14:55	서울교 남단	4.0km	60분
▷ 날머리	15:25-16:05	당산 수상택시 승강장	3.1km	40분
▷ 합계			22.7km	310분
▷ 숙소	잠실자택			
▷ 볼거리	한강공원			
▷ 비용	김밥 2,000원/커피 1,000원/빵·우유 3,000원/지하철·버스 1,450원/計 7,450원			

가자! 길 따라 바람 따라!

대망의 한반도 남단 둘레길을 뚜벅걸음으로 밟아보자.

석촌호수 서호 수변무대에서 인증샷!

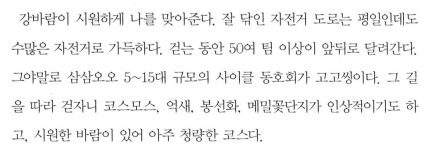

석촌호수 서호 수변무대

잠실 석촌호수 서호 수변무대가 대장정의 시작점이다. 그곳을 출발 잠실 4단지, 3단지를 거쳐 토끼굴로 진입한다. 다시 잠실 유람선 선착장을 끼고 돌아 올림픽도로 아래 자전거 도로로 들어선다.

강바람이 시원하게 나를 맞아준다. 잘 닦인 자전거 도로는 평일인데도 수많은 자전거로 가득하다. 걷는 동안 50여 팀 이상이 앞뒤로 달려간다. 그야말로 삼삼오오 5~15대 규모의 사이클 동호회가 고고씽이다. 그 길을 따라 걷자니 코스모스, 억새, 봉선화, 메밀꽃단지가 인상적이기도 하고, 시원한 바람이 있어 아주 청량한 코스다.

기온이 25~26도 정도로 아직은 따가운 날씨인지라 적당히 땀 흘리며 당산역 수상택시 승강장 입구까지 첫날의 설렘과 기대감으로 걸었다. 잠실지구, 잠원지구, 반포지구, 여의도 샛강 생태공원, 양화대교 남단 등 한강시민공원 편의시설과 화장실 시설이 훌륭해 걷는 데 아무런 불편함도 없었다. 태백산맥에서 발원하여 충청도, 경기도를 거쳐 서울로, 다시 서해로 흘러가는 한강은 본류 길이 514㎞로 압록강, 두만강, 낙동강 다음으로 4번째 긴 강이며 서울을 동서로 가로질러 흐른다. 삼국시대는 전쟁의 중심 터였으며 조선 시대부터 현대에 이르기까지 경제, 운송, 교통, 문화의 중심이 되고 있다.

그곳에서 지하철 2호선을 타고 다시 잠실 집으로 돌아오다.

한강철교

002일차 2013.10.02.(수)

당산역 수상택시 승강장 입구 ~ 일산 정발산 공원

황금 들녘을 가슴에 안고

▷ 들머리		당산 수상택시 승강장		
1구간	10:00~11:10	가양대교 남단	5.5km	70분
2	11:30~12:20	방화대교 남단	3.2km	50분
3	12:40~13:15	신행주대교 남단	2.5km	35분
4	13:55~14:35	행주고가 사거리	2.6km	40분
5	14:50~16:20	한국통신 삼거리	5.1km	90분
▷ 날머리	16:30~17:50	정발산공원	4.6km	80분
▷ 합계			23.5km	365분
▷ 숙소	발리등공예(일산동구 정발산동)			
▷ 볼거리	양화한강공원·강서습지생태공원·강서한강공원·정발산공원·호수공원			
▷ 비용	김밥 2,000원/지하철(잠실~당산)/1,450원/빵·우유 3,000원/커피 1,000원/計 7,450원			

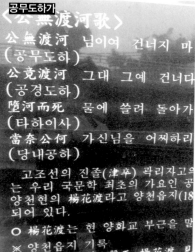

공무도하가

〈公無渡河歌〉

公無渡河 님이여 건너지 마
(공무도하)

公竟渡河 그대 그예 건너다
(공경도하)

墮河而死 물에 쓸려 돌아가
(타하이사)

當奈公何 가신님을 어찌하리
(당내공하)

고조선의 진졸(津卒) 곽리자고의
는 우리 국문학 최초의 가요인 공
양천현의 楊花渡라고 양천읍지(18
되어 있다.

○ 楊花渡는 현 양화교 부근을 말

※ 양천읍지 기록
崔里子高 妻 麗玉 楊花渡 見

당산역 수상택시 승강장 입구부터 신행주대교 구간은 청량한 가을 날씨 속에 어제와 마찬가지로 라이더의 천국이다. 그런데 행주대교를 걸어가면서 옆으로 쳐다보이는 구 행주대교의 끊어진 다리가 너무 을씨년스럽다.

지자체의 조속한 조치가 필요하지 않을까? 행주외동에서 행주내동에 이르는 구간은 제2자유로 아래 인근 민가 골목을 이용해야 한다. 그나마 호수로를 따라 걷는 능곡동 농로에 펼쳐진 행주들판의 벼 이삭이 장관이다.

일산병원을 지나고 국립암센터 옆 정발산공원은 높이 58.3m의 일산 유일의 자연산공원이다. 그런데 주변 건물인 국립암센터, 오피스텔, 고양시 교육청, 마두도서관 등이 공원을 포위하고 있어 낮은 산이 그나마 눈에서 사라질 지경이다.

양화 한강공원, 강서공원, 강서습지 생태공원까지는 자전거 도로나 인도 등이 나무랄 데 없이 훌륭하다. 그러나 행주대교 건너 호수로 능곡동 구간은 인도 구간 가드레일이 없어 아쉽다.

003일차　2013.10.03.(목)

일산 정발산공원 ~ 파주시 탄현면 오두산 통일전망대

운정호수는 파주의 보석

▷ 들머리				
1구간	08:00–09:05	탄현역	4.2km	65분
2	09:25–10:10	운정호수공원	3.2km	45분
3	10:30–11:50	교하사거리	5.0km	70분
4	12:00–12:15	교하동 535	1.1km	15분
5	13:00–14:15	갈현교차로	4.3km	75분
6	14:20–14:50	법흥삼거리	2.2km	30분
▷ 날머리	15:00–16:00	오두산 통일전망대	3.5km	60분
▷ 합계			23.5km	360분
▷ 숙소	잠실 자택			
▷ 볼거리	운정호수공원, 오두산 통일전망대			
▷ 비용	점심(교하삼거리 엄마백반집) 6,000원/커피 2,000원/오두산 통일전망대–잠실 2,750원/잠실–자택 1,050원/ 계 11,800원			

운정호수공원

　깨끗한 일산 시내 산책길이 인상적이다. 풍산역, 일산역, 탄현역, 운정역에 이르는 시내 산책길 코스는 단정하면서도 아름답다. 특히 운정호수 생태공원은 도시적인 일산호수공원에 비하여 자연미가 살아있어 소박하면서도 참 편안한 느낌이다. 마을과 마을을 연결해주는 유일한 공원 내 다리가 마치 공원대교 인상을 준다. 차량 이용시 호수공원 내 주차시설이 없으므로 뮤비파크를 이용해야 할 것 같다.

　운정호수공원을 지나 교하사거리, 교하삼거리, 갈현교차로를 지나는 길은 인도와 차도가 뒤섞인다. 조선 16대 왕 인조와 인열왕후 한씨 능을 지나 통일동산에 이른다. 오두산은 백제 후기 적석성곽으로 고구려 침입을 막는 방어성곽이다. 그런데 지금은 남북 분단의 DMZ로 한강 건너 2 ㎞ 전방이 북한 황해북도 개풍군이다. 오두산 전망대에 도착했으나 10월 2일부터 10월 10일까지 긴급복구공사로 휴관이다. 전망대는 과거 몇 차례 다녀갔지만 오늘 들르지 못해 아쉽다!

▶ **도보구간** 정발산 공원 – 풍산역 – 일산역 – 탄현역 – 운정호수공원(359)
  – 와석순환로 – 미래로 – 금바위로 – 교하사거리(359) – 교하초
  교 – 곡능천교 – 북진교 – 방촌로(359) – 갈현오거리(360) – 평
  화로 – 헤이리사거리 – 필승로 – 오두산통일동산

▶ **귀가코스** 오두산전망대 주차장 – 3호선 대화역 900번 버스 80분/3호선 대
  화역 – 학여울역 85분/학여울–배명사거리 10분 총 2시간 55분

교하사거리

장릉입구

004일차 2013.10.08.(화)

오두산 통일전망대 ~ 파주시 파평면 율곡리 화석정

화석정에서 임진강을 바라보다

▷ 들머리		오두산 통일전망대		
1구간	09:20-11:00	오금교	7.4km	100분
2	11:10-12:10	파주 제2 공설 운동장	5.0km	60분
3	12:20-13:20	문산리 128-4	4.8km	60분
▷ 날머리	14:00-15:20	화석정	5.8km	80분
▷ 합계			23km	300분

- ▷ 숙소   아비숑 모텔(031 953 7370)
- ▷ 볼거리   화석정
- ▷ 비용   잠실-오두산 3,800원/중식: 5,000원/커피 2,000원/숙박비 35,000원/계 45,800원
  점심 뽀글이네 뷔페식당(문산읍 문산리 128-4)

통일전망대 사거리

임진강의 유래는 나루에 접한 강이란 뜻으로 5만년 전의 구석기시대로부터 현대에 이르기까지 임진강 유역은 문명의 산실이다. 이 때문인지 풍수학자 최창조 교수는 파주를 통일수도 최적지라 했다던가? 광해군 때 풍수가 이의신은 상소를 올려 교하 천도론을 주장했었다.

파주의 지명 유래는 조선 세조 비 파평 윤씨 공덕을 기려 언덕 파(坡)자에 고을 주(州)를 붙였다. 삼국시대 백제 고구려 신라의 각축장이었고 지금은 개성공단의 길목이다. 남북분단의 끝이고 통일조국의 시발지가 되길 빌어본다.

내포리

탄현

문산읍

　한국전쟁 종전 60년이 지난 임진강을 바라보다 율곡(1536~1584)이 제자와 시(詩)를 논했다는 화석정에서 발길을 멈춘다. 율곡은 '동호문답', '성학집요', '격몽요결', '시무육조' 등 수많은 저술을 남겼고, 선조에게 십만양병설을 요청했으나 임진란 8년 전에 임종, 큰 뜻을 이루지 못한다.

　율곡의 얼이 서린 파주는 임진왜란, 정유재란, 병자호란, 일제치하, 북한남침 등 우리 역사의 질곡마다 그 한가운데서 아픔을 겪으며, 지금은 전 세계 유일의 전쟁 휴전지역인 최전방 도시이다. 화석정 현판 글씨가 힘차다. 故 박정희 대통령의 필체라고 한다.

005일차　13.10.09.(수)

파평면 율곡리 화석정 ~ 연천군 미산면 백학저수지

백학을 품은 저수지

▷ 들머리	화석정 입구			
1구간	06:40–08:20	금파삼거리	7.6km	100분
2	08:30–09:00	장파2리	2.8km	30분
3	10:00–11:30	두지교차로	7.3km	90분
4	11:30–12:20	가월교차로	3.7km	50분
5	13:30–14:30	통구리	4.5km	60분
▷ 날머리	14:30–15:20	백학저수지	3.2km	50분
▷ 합계			29.3km	380분

▷ 숙소　　레이크모텔 (031 835 0062)

▷ 볼거리　백학저수지

▷ 비용　　조식 6,000원/커피 2,000원/중식 5,000원/석식 6,000원/숙박 25,000원/計 44,000원
　　　　　장파2리 믿음식당 (순대국) / 중식 가월리 (순두부)/ 석식: 백반정식

화석정을 출발, 아포삼거리에서 37번 국도를 따라 걷는 파주 평화누리길은 위험천만하다.

금파리는 30~10만년 전 구석기시대 주거지와 석기제작이 확인된 곳인데 예부터 가축(소, 돼지)을 많이 키우다 보니 쇠파리가 많아, 금파리 장파리 지명이 생겼다던가? (주민의 우스개 얘기일 것이다.)

휴전선 인접 지역 백학저수지가 예쁘다. 고즈넉한 호수 분위기에 두루미가 둥지를 틀었다. 일교차가 큰 가을 새벽녘 저수지에서 백학이 날아든다. 인근에 '통일되면 대박! 백학산업단지 분양' 현수막이 걸려있다. 경기도 내 최저분양가(평당 62만원)라고 하며 고용창출 효과로 연천지역 인구증가, 지역경제 활성화를 기대하고 있다. 휴전선이 지척인 322번 지방도로 옆에 제3 땅굴이 가깝다.

율곡 8세 시

아포삼거리

두지교차로

백학저수지

▶ **도보구간** 화석정 – 37 – 두포리 – 37 – 놀노천교 – 324 – 장파리 – 37

– 자장리 – 두지리 – 가월교차로 – 371 – 비룡대교 – 노곡리 –

통구리 – 372 – 백학저수지

★ 장파 2리 ~ 두지리 37번 4차선 국도에 가드레일이 없다.

006일차 13.10.10.(목)

연천군 미산면 백학저수지 ~ 연천읍 신망리역

벼 익는 가을 들녘을 신고 달리는 열차

▷ 들머리	백학저수지 레이크호텔			
1구간	06:50~08:20	마전삼거리	6.0km	90분
2	08:20~09:40	왕징면 무등리	5.1km	80분
3	10:30~11:30	군남 뚝방로-군남면사무소	3.7km	60분
4	11:50~13:20	옥계3교 사거리	5.6km	90분
▷ 날머리	14:00~15:10	신망리역	4.6km	70분
▷ 합계			25km	390분
▷ 숙소	잠실 자택			
▷ 볼거리	임진교 뚝방길, 신망리역			
▷ 비용	조식 왕징전주식당 된장찌개 6,000원/빵. 우유 3,000원 커피 1,000원/신망리역-한탄강역 1,000원/한탄강역-잠실 3300번 버스 6,800원/잠실-자택 1,200원/計 19,000원			

군남교뚝방

　임진강은 함경남도 덕원군 두류산에서 발현하여 남서
방향으로 254㎞ 흘러 연천에서 한탄강과 합류하고
파주시 탄현면에서 한강과 합류한다. 경기도 중앙
최북단 연천은 삼국시대에는 국경지역으로 삼국
의 격전장이었고 한국전쟁 때 역시 격전지였다.

　연천은 지리적으로는 화산폭발로 생긴 현무암 주
상절리 계곡이 병풍처럼 수직절벽을 이루는 지역으
로, 이런 풍경의 서정적인 농촌지역이면서 군사요충지이기

옥계리

도 하다. 휴전선에서 불과 800m 떨어진 연천군 중면 황산리 비끼산 수
리봉에는 태풍전망대가 자리하고 있다. 임진교역 뚝방길은 연천 평화누
리 둘째길(숭의전에서 임진강
홍수조절지)로 322번 지방도와
나란히 임진강 따라 3㎞ 정도
정겹게 이어진다.

　경원선 신망리역은 무인관리
역으로 역사 안은 60~70년대

시골다방+시골만화방 풍경이다. 열차요금은 달리는 기차 안에서 승무원
이 계산하는 데 무척 정겨운 풍경이다. 차창 밖을 보니 벼 익는 가을 들
녘이 달리고 있다.

상리 동네지명은 54년 5월 피난민 입주 시 새로운 희망을 가진 마을이
란 뜻으로 미 7사단이 뉴 호프타운이란 이름으로 지었다고 한다.

▶ **도보구간** 백학저수지 – 372 – 마전리 우리 소리교육원 – 아미교 – 유촌교
　　　　　　– 왕징면 무등리 전주식당 – 임진교 – 임진강 뚝방길 – 군남 자
　　　　　　연 청소년 수련원 – 322 – 군남면 사무소 – 78 – 옥계리 – 신
　　　　　　망리 상리초등학교 – 78 – 신망리역

★ 태풍 전망대는 도보관람 불가, 차량신고통행

경원선 열차

007일차   **13.10.14.(월)**

연천읍 신망리역 ~ 철원군 동송읍 도피안사

철의 삼각지 중심, 철원평야

▹ 들머리	신망리역			
1구간	09:10–10:30	도신3리사거리	5.3km	80분
2	10:40–11:10	대광리역	2.0km	30분
3	11:20–12:40	신탄리역	5.2km	80분
4	13:30–14:40	율이삼거리(용담교)	4.9km	70분
▹ 날머리	14:50–16:20	도피안사	5.8km	90분
▹ 합계			23.2km	350분

▹ 숙소   동송읍 테마모텔 (033 455 3594)

▹ 볼거리   도피안사, 신탄리역, 백마고지 전적지, 고석정, 재인폭포, 백마고지역

▹ 비용   조식 6,000원/중식 6,000원/커피 1,000원/버스비 9,200원/숙박비 35,000원/計 57,200원

상리 향식당

　신망리역 근처 향식당의 시래기 국밥이 무척 맛있다. 배추 건더기가 입에 사르르 녹을 정도로 목넘김이 부드럽다. 3번 국도를 따라 대광리, 신탄리에 인접한 군부대의 사격연습 총소리가 요란하다. 백마고지로 향하는 3번 국도, 한반도의 배꼽, 어머니의 자궁 같은 철의 삼각지대. 종전 60년이 지난 지금도 긴장의 연속이다. 60년 전 피아간에 10여 일 동안 24번을 서로 뺏기고 뺏어 흰말 등처럼 보이는 백마고지가 바로 여긴가 보다. 신탄리역에는 1971년 철도중단점 표지판이 있다. 그런데 열차는 2012년 11월 백마고지역까지 연장 개통되었다.

　지금은 북녘땅인 평강고원 아래 철원평야, 김화들판이 들어서 있다. 3번 국도는 464, 463, 87번 도로와 교차하는데 경남 남해로부터 섬진강

신탄리역

을 거쳐 충주 수안보를 지나 북녘 평안북도 초산군에 이르는 555㎞ 도로이지만 지금은 이곳 철원 도피안사 근처에서 막혀 있다. 도피안사는 규모는 작지만 국보 63호 철조 비로자나좌불상을 모신 곳으로 신라 48대 경문왕 5년, 서기 865년에 도선 국사가 조성한 절로 추정하고 있다.

한탄강은 태백산맥의 황선산과 화양의 철령에서 발원한 수계가 합류하여 임진강에 이르는 110㎞의 강으로 현무암 침식 협곡지대를 흘러가며, 주변에 임꺽정 은신처로 알려진 고석정, 직탕폭포, 순담계곡 등 절경을 이루고 있다. 한탄강은 크다는 뜻의 '한' 자가 들어가 옛말 큰 여울로 큰 강이란 뜻이다.

▶ **도보구간** 경원선 신망리역 – 3 – 와초리사거리 – 도신리 – 대광리 – 신탄리 – 율이리 용담식당 삼거리 – 신설도로(용담) – 화지리삼거리 – 도피안사

대광리 도경계

도피안사 비로자나상

008일차   **13.10.15.(화)**

철원 도피안사 ~ 철원군 서면 와수리

아련한 군대 짬밥의 추억

▷ 들머리	철원 도피안사			
1구간	07:40–08:30	철원 대위리	4.1km	50분
2	08:40–09:40	양지리	4.5km	60분
3	09:50–10:30	이길리	2.9km	40분
4	10:50–11:40	정연리	3.0km	50분
5	12:10–12:20	도창초교	(7.0km)	(차량)
6	12:30–13:40	청양 6리	4.5km	70분
7	14:00–15:20	김화고교	5.3km	80분
▷ 날머리	15:20–16:10	와수리	2.0km	30분
▷ 합계			26.3km	380분

숙소	와수리 강원장여관(033 458 2275) 30,000원
비용	조식 동송진국해장국 6,000원/중식 정연리 부대식당/석식 와수리 돈돈삼겹살 돼지갈비 9,000원/소주 3,000원 공기밥 1,000원/숙박비 30,000원/커피 1,000원/計 50,000원

도피안사에서 예불을 드리고 최북단 464 지방
도를 택하여 분단조국의 배꼽, 철원평야를 가
로 지르며 조국의 운명에 숙연해진다. 이길리
의 토교저수지는 철원평야 농업용수를 공급
하는 105만 평 크기로 두루미, 독수리 등 겨울
철새도래지다.

대위리

 30km 가까이 곧게 뻗은 464번 도로변에 우사(牛舍)가
가득하여 냄새가 상당하다. 정연리-도창리 초소 구간은 도보통행이 금
지되어 있어서 초소장에게 체포 구금(?)되어 간단하게 도보여행 설명
후 부대 내무반에 일시 기다렸는데 마침 점심때라 뜻하지 않게 후한 식
사 대접을 받았다. 1식 4찬이다. 쌀밥, 닭튀김, 완자, 무깍두기, 콩나물
무침, 된장국인데 비를 맞고 걸은 뒤 생쥐 꼴로 너무 맛있게 먹었다. 이

금강산철길다리

초소식당

김화교차로

미 지나온 정연리 통제구간이라서 초소장의 배려로 군납차량에 실려 약 7Km를 통과했다. 이제라도 고마움을 표하고 싶다. 초소장과 LGU+ 군납차량 박찬갑 님에게….

와수리는 토, 일요일엔 군인 면회로 부모 형제, 연인들로 와글와글 와수리란다. 식당 음식은 대체로 싸고 푸짐하다. 한창때 젊은 군인이 주된 손님이라서 그런지 푸짐하고 인심이 좋은 재래시장통 식당이다.

와수시장

009일차 13.10.16.(수)

철원군 서면 와수시장 ~ 화천 봉오삼거리

철원과 화천의 경계 수피령 고개

▷ 들머리	김화읍 와수시장			
1구간	07:50–09:10	근남면사무소	5.3km	80분
2	09:20–09:50	육단리 수파1교	1.9km	30분
3	10:00–10:20	육단리 고개	1.2km	20분
4	10:30–12:00	수피령 정상	4.3km	90분
5	12:40–13:10	다목삼거리	2.1km	30분
6	13:30–14:20	다목리 포사교	3.2km	50분
▷ 날머리	14:40–15:40	봉오삼거리	4.2km	60분
▷ 합계			22.2km	360분

▷ **숙소**   화천 다목리 파크장 (033 441 7110)
▷ **볼거리**   대성산지구 전적비, 인민군 사령부 막사
▷ **비용**   조식 우동 5,000원/중식 4,500원/석식 6,000원/커피 1,500원/숙박 30,000원/計 47,000원

철원 땅을 떠나 물의 도시
화천으로….

철원군 근남 면사무소 마
당에서 휴식 중 넓은 면사무
소 마당을 빗자루로 쓸고 계
시던 근남면장님을 정문에서
대면하자, 차 한 잔 대접 권

근남면장 신해식 님과

유를 한사코 뿌리쳤는데 수피령 고개 입구까지 자전거로 달려와 음료수
4병을 건네주신다. 근남면 파이팅! 근남면장 최고다! 봉제사 접빈객! 우
리 마을을 거쳐 가는 손님에 대한 예의라는 신해식 면장님의 후덕함에
가슴 따뜻해진다.

동고서저의 한반도 지형 탓에 연천 철원을 거쳐 이제 처음 부닥치는 고
갯길이다. 해발 780m 수피령 고갯길에는 대성산지구 전적비와 인민군

수피령

대성산지구 전적비

사령부 막사가 있다. 역시 철원에서 화천으로 이어지는 56번, 461번 국도 주위는 최전방 국군의 전차, 포병, 보병부대가 진을 치고 있는 군사요충 마을이다.

▶ **도보구간** 와수리 – 56 – 근남면 – 육단리 – 수피령 – 다목리 – 461 – 다파로 – 봉오삼거리

봉오삼거리

010일차   13.10.17.(목)

화천 봉오삼거리 ~ 화천읍 풍산리 1009

물의 고장 화천, 이름 예쁜 산수화 터널

▷ 들머리	화천 봉오삼거리			
1구간	07:45–08:45	봉오1교	4.4km	60분
2	08:55–09:55	상서면사무소	4.2km	60분
3	10:30–11:30	노동리 갈골교	4.4km	60분
4	11:40–12:35	신읍리 떼둔지교	3.9km	55분
5	13:10–14:30	중리 사적교	5.8km	80분
▷ 날머리	14:40–15:40	화천읍 풍산리	3.9km	60분
▷ 합계			26.6km	375분
▷ 숙소	서울 자택			
▷ 볼거리	파로호, 딴산, 용화산, 붕어섬			
▷ 비용	조식 누룽지죽 2,000원/중식 김밥, 만두 4,000원/커피 1,000원/화천–동서울 12,000원 동서울–잠실 자택 1,200원/計 20,200원			

봉오리 자작나무

　지금껏 걸어온 도로 중 최고의 힐링 로드! 군용차와 인근 민가 소유 차량만 다니는 화천의 외곽도로 461 지방도이다. 화천읍 내 자전거 도로도 무척 정겹다. 점심은 김밥과 만두를 신읍리 떼둔지교에서 10월의 만산홍록을 감상하며 먹다. 물의 도시답게 산 좋고 물 좋은 진경산수화가 펼쳐지고, 읍내와 풍산리를 가로지른 길이 890m 터널 이름이 산수화 터널이다. 터널 이름이 멋지다!

　추수 끝난 들녘에는 무게 약 500Kg, 직경 150Cm 정도의 곤포 사일리지 (Baling Silage)가 뒹굴고 있다. 가축용 숙성사료로 공급된다고 한다. 이 사료는 1972년 미국의 농기계회사 '베르미어'가 개발하여 축산농가에 보급되고 있다. 산수화 터널을 통과

신읍리 삼밭골

수수밭골

하고 풍산리에 도착하여 삼거리 길가 길자네 식당에서 걷기를 마친다. 서울로 가기 위해 화천읍내로 가는 버스를 기다리는데 마침 미남 군인 이 화천읍내 출장길에 태워준다. 멋쟁이 대한국군이다.

▶ **도보코스** 봉오삼거리 461 – 상수기도원 – 파포삼거리(노동리) – 사적교 – 풍산리

멋쟁이 육군

011일차　13.10.28.(월)

화천읍 풍산리 1009 ~ 화천 비수구미 계곡

신비로운 물이 빚은 아홉 가지 경치와 산채 비빔밥

▷ 들머리	풍산리 길자네식당(033-441-1555)		
경유	09:20-12:40　해오름 휴게소	13.0km	200분
▷ 날머리	14:00-16:30　비수구미	6.0km	150분
▷ 합계		19.0km	350분
▷ 숙소	비수구미 장윤일 민박 (010 9466 0145)		
▷ 볼거리	비수구미, 파로호		
▷ 비용	조식 6,000원/중식 10,000원/석식 30,000원/숙박비 30,000원(4인)/計 76,000원		

오전 6:00, 잠실에서 친구 영환 내외와 같이 출발하여 08:40 풍산리 길자네 식당에 도착했다. 길자네식당에서 아침 식사 후 09:30 해산령터널로 출발, DMZ길을 다시 이어 간다. 화천에서 양구 방향 10.4㎞ 지점에 길이 1,986m 해산령터널이 있다.

풍산리

해산터널

터널 지나면 바로 해오름 휴게소(신상복 010 3191 7510)가 있고 그곳은 도구리(제주지방 사투리로 음식 담는 목기) 산채비빔밥이 환상적이다. 日山(해산)은 주변 산 중, 가장 높아 해가 제일 늦게 뜨는 곳인데 일산에서 채취한 산나물과 산양삼을 섞은 비빔밥은 산중 진미요, 건강보양식이자 힐링푸드이다.

식당 주인 신상복, 김순덕 부부 작품이다. 휴게소 정원도 참 예쁘다. 언제 시간 내어 텐트 치고 별바라기 하고 싶은 마당이다. 휴게소 주인은 산삼전문가 김형국(010 7345 4884)으로 강원도 심마니 출신이다.

휴게소에서 비수구미(秘水九美, 신비로운 물이 빚은 아홉 가지 아름다운 경치)를 보러 6㎞의 여정이 시작된다. 만산홍록, 선혈낭자한 단풍이 계곡, 바위틈에 눈이 시리도록 처연하다. 시오

해산령 고개길에서 최영환과

릿길에 숲 터널과 계곡이 열목어, 기름종개, 버들치, 산천어의 낙원이 되고 물소리, 바람 소리만 청정계곡에 가득하다.

파로호 최상류 그곳엔 한때 화전민 100여 가구가 살았지만 60~70년대 화전민 이주정책으로 지금은 단 세 가구만 살고 있다. 파로호 하류 쪽도 방개, 법성지, 지둔지에 고작 한두 가구씩 있을 뿐이다.

비수구미의 옛 이름은 '비소고미'인데 조선 초기 궁궐축조용 소나무 군락지를 보호하려고 마을 뒷산 바위에 새겨진 '非所古未 禁山東標'라는 벌목금지 표시에서 유래하였다. 지금 비수구미 동촌리 마을엔 지난 2013, 7월 KBS 인간극장에 소개된 장윤일(70) 김영순(64) 부부가 아들 장복동, 김숙란 내외, 손자 내외와 함께 살며 이곳을 찾는 여행객을 상대로 산채비빔밥을 대접하고 있는데, 이 부부의 삶 자체가 인간극장이다. 비수구미 집 주위에는 희귀종인 광릉요강꽃이 자라는데 집주인 장윤일 님이 발견하여 관리하고 있다.

　새벽 물안개 피어나는 고즈넉한 파로호 상류를 혼자서 걸어보라! 들릴 듯 말 듯한 실개천 흐르는 소리, 새벽공기를 얇게 찢어대는 새소리와 이따금 파로호 수면을 솟구쳐 오르는 물고기 소리에 침잠하는 시간이 될 것이다. 그리고 이어지는 적막함! 바로 나 자신이 신선이 된다.

　비수구미민박은 '한국인의 밥상(2014.7.10.) 오지의 맛을 찾아서'에서도 소개된 바 있다.

비수구미 입구

장윤일 님과

비수구미 구름다리

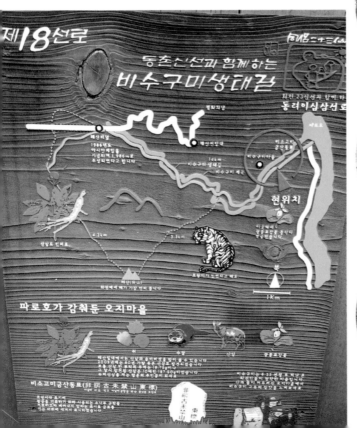

012일차　13.10.29.(화)

비수구미 ~ 양구군 방산면 송현리 481-4

파로호와 평화의 댐

▹ 들머리	비수구미			
1구간	07:30–09:20	평화의종 공원	6.0km	110분
2	09:50–11:00	천미교	4.0km	70분
3	11:10–13:30	오미리 마을회관	9.0km	140분
▹ 날머리	13:50–15:30	억만장식당	6.0km	100분
▹ 합계			25km	420분

▹ 숙소　　억만장 여관(033 481 5363/010 6383 5363)

▹ 비용　　조식: 비수구미 산채식사 10,000원 /중식: 오미리 산골민박 앞에서 빵 2,000원/석식: 억만장 식당 김치찌개, 소주 20,000원/숙박비 20,000원/커피 2,000원/計 54,000원

파로호

이른 아침 친구 내외를 비수구미 민박에 남겨두고 평화의 종 공원으로 향하다. 파로호 상류 물안개가 산 주위를 감돌며 수면 위로 피어오른다. 휘늘어진 소나무가 마치 수양버들을 닮은 듯하다. 평화의 종 공원 아래 (주)대림의 제2차 댐 공사가 한창이다. 공사현장 직원의 도움으로 공사 중인 댐의 뚝방길을 비상통과(?)하여 종 공원에 도착하다.

휴전선 이남 DMZ를 끼고 분단의 현실 속에 통일 염원이 아련하다. 세계 각국의 통일 메시지와 종 기증자의 정성이 담겨 있고, 통일되면 이 나무 종을 청동 종으로 교체한다니까 빨리 통일의 그 날이 우리에게 오기를 빌어본다.

인적 드문 460번 도로를 달려 양

파로호 오솔길

평화의 댐

구 쪽으로 해발 450m 정도에 오천터널
(1,296m)을 지난다. 오천터널 직전에서
서울 방이동에 사는 젊은이 배성덕 님
을 만난다. 친구와 둘이서 캠핑 장비를
실은 자전거를 타고 강원도 통일전망대
로 향한다고 했다.

평화의 종 공원

나도 10년만 젊었다면…? 양구 방산면에
들어서니 "양구에 오시면 10년이 젊어집니다" 플
래카드가 내 생각을 읽은 것 같아 나를 웃음 짓게 만든다. 송현리 억만
장 김창순 사장(65세) 님의 따뜻한 저녁 식사에 하루의 피로를 풀다.

오천터널

오미리

013일차   13.10.30.(수)

양구군 방산면 송현리 481-4 ~ 양구군 해안면 현리 25-7

최북단 돌산령 터널과 펀치볼 마을

▷ 들머리	송현리			
1구간	07:30–08:20	고방산리 230	3.4km	50분
2	08:30–10:00	양구읍 도사리 산 100	6.0km	90분
3	10:20–11:50	동면 임당리 산 66	5.8km	90분
4	12:00–13:10	동면 팔랑리 산 2-1	4.0km	70분
5	13:30–14:40	해안면 만대리 2196	5.2km	70분
▷ 날머리	15:00–16:00	해안면 현리 25-7	3.6km	60분
▷ 합계			28km	430분

▷ 숙소	동부여관 (033 481 0687)
▷ 볼거리	돌산령 터널(2,997m), 양구 백자박물관
▷ 비용	조식 6,000원 중식 2,000원 석식 20,000원/소주 3,000원/공기 1,000원/커피 2,000원/숙박비 25,000원/計 59,000원

백두산 신병교육대대   돌산령 터널 입구   돌산령 터널

　오늘은 돌산령으로 간다. 부근 백두산 포병부대를 지나 팔랑리를 지나니 가파른 돌산령 고개로 향하는 도로명은 '펀치볼로'이다.

　'펀치볼'은 한국전쟁 때의 격전지로, 외국 종군기자가 가칠봉에서 내려다본 모습이 마치 화채 그릇(PunchBowl)처럼 생겼다 하여 붙인 이름으로, 해발 1,100m 이상의 가칠봉, 대우산, 도솔산, 대암산 등에 둘러싸인 분지이다. 정식 명칭은 해안분지(亥安盆地)이며 여의도의 6배 면적에 분지 안에는 펀치볼마을(양구군 해안면 만대리·현리·오유리)이 있다.

　이곳은 또한 51.8.31.–9.20일 사이 국군 해병1연대가 북한 1사단과 1026·924 고지를 두고 치열한 전투를 벌여 북한군 3,700여 명 이상을 사살한 전과를 거둔 '해안면 전투'로도 유명하다. 통일이 되면 서울에서 금강산으로 가는 최단코스인 31번 도로는 비아리에서 끊겨 있다.

　해안(亥安)이란 지명은 옛날에 뱀이 많은 지역이었는데 돼지(亥)를 풀어놓았더니 뱀을 다 잡아먹어 살기 편한 동네가 되었다나? 지금은 외지인이 인삼경작 하러 펀치볼 마을에서 사방으로 오유리, 만대리, 월산리, 후리, 이현리, 현리에 이르는 산등성이마다 차일을 치고 6년근 인삼을 키우기 위해 인삼밭을 세내어 경작하고 있다. 마을 주변에는 양구 특산물 무청 시래기 비닐하우스가 가득 차 있다.

  돌산령 터널은 길이가 2,997m로 양구 팔랑리 고개에서 만난다. 만약 도솔산 구절 양장길을 넘는다면 삼십리 길인데 4~5시간 걸린다. 터널 안을 통과하기로 한다. 경광봉을 흔든다. 터널 안으로 맞은편 해안면 만대리까지는 약 40분간 후덥지근한 공기를 마시며 걸었다. 그런데 지나는 차량이 거의 없었고 터널 내 환기장치 가동상태가 좋아서 크게 고생하지 않아 다행이었다.

펀치볼 해안분지

014일차   13.10.31.(목)

양구군 해안면 현리 25-7 ~ 인제군 북면 원통리 500-1

'인제 가면 언제 오나, 원통에선 못 살겠네'

▷ 들머리	현리			
1구간	07:10—08:50	서화리 가평초교	6.6km	120분
2	09:00—10:20	서화리 서성초교	5.8km	80분
3	10:40—11:40	천도리 뽀금이네식당	3.6km	60분
4	12:30—14:10	월학리 사천교	5.7km	100분
5	14:20—15:50	월학리 2256	5.3km	90분
▷ 날머리	16:00—16:50	원통리 500-1	3.3km	50분
▷ 합계			30.3km	500분
▷ 숙소	그린장모텔 (033 462 2606)			
▷ 비용	중식 서화면 천도리 528-5 뽀금이네 식당(033 462 7128)의 순대국밥 6,000원조식 2,000 원/석식 6,000원/커피 1,000원/숙박비 30,000원/計 45,000원			

아침 일찍 해안면을 출발, 원통으로 향하
는 국도 453도로는 주변에 군부대가 즐
비한 군사도시이다. 그러다 보니 인근
숙박업소는 면회 온 장병 부모 형제 때
문에 토, 일요일엔 숙소 구하기가 힘들
다. 주변 들판은 시래기용 무를 뽑고 난 후
온통 무청이 잘려나간 무 밑동이 지천이다.

시래기 무우밭

펀치볼 숲길

저 북녘 배고픈 주민이 이 광경을 보면 어떤 생각이
들까? 453도로는 북한에서 발원하여 해안, 서화
원통으로 흐르는 인북천과 함께 한다. 인북천
은 인제군 서쪽 소양강과 만나 북한강으로 흘
러가는데 일급수 청정지역으로 열목어, 버들
치, 금강모치 등 멸종 위기종과 한국 고유종이
서식하고 있는데, 지금은 무분별한 펀치볼 산간 개
간으로 인북천이 죽어간다.

그나마 2007년 이후 양구지역 환경 살리기 운동이 조금씩 인북천을

양구 통일관

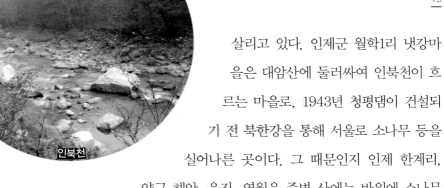
인북천

살리고 있다. 인제군 월학1리 냇강마을은 대암산에 둘러싸여 인북천이 흐르는 마을로, 1943년 청평댐이 건설되기 전 북한강을 통해 서울로 소나무 등을 실어나른 곳이다. 그 때문인지 인제 한계리, 양구 해안, 울진, 영월읍 주변 산에는 바위에 소나무 벌목 금지 표시로 禁標(금표)와 封標(봉표)를 새겨놓았다.

인제 합강에서 춘천을 거쳐 소나무 뗏목은 약 10~15일 걸리는데 1950년대 쌀 1말이 2~3원 할 때 뗏꾼 일당이 15~20원일 정도로 고액이어서 한강 상류 집결지 송파나루 색주가 주막 작부가 뗏돈을 번다는 말이 나올 정도로 나루터가 번성했다. 해안에서 원통에 이르는 크고 작은 여덟 고개를 넘으면 곧바로 원통 마을이다.

'인제 가면 언제 오나, 원통에선 못 살겠네.' 이젠 이 말도 호랑이 담배 먹던 시절 얘기가 되어버렸다.

그래서 원통에서 팔십리 여정 마치고 쉬어야겠네!

월학리

015일차 13.11.1.(금)

인제군 북면 원통리 ~ 인제군 북면 용대리 백담사 입구

멋진 자전거 도로가 된 46번 국도

▷ 들머리	원통리			
1구간	07:25-08:20	한계리 쉼터	4.3km	55분
2	08:30-09:30	설악 청정 암반수	4.4km	60분
3	09:50-10:40	십이선녀교	3.9km	50분
4	10:50-11:25	구만교 오토캠핑장	2.8km	35분
▷ 날머리	11:30-12:20	백담사터미널	3.6km	50분
▷ 합계			19km	250분
▷ 숙소	잠실 자택			
▷ 볼거리	46번 옛 국도의 자전거 도로화			
▷ 비용	빵 2,000원/중식 황태구이 정식 10,000원/차비 15,900원/잠실 차비 1,450원/커피 1,000원/오후 서울행 17:00/18:00/19:30 요금 15,900원, 소요시간 2시간 30분/計 30,350원			

원통 교차로

  아침 7시 30분 원통에서 출발, 대청봉에서
100개째 담(못)이 있는 곳에 신라 진덕여왕
641년에 세운 대한불교 조계종 제3교구 본
사인 신흥사의 말사, 백담사로 간다. 백담사
는 만해 한용운 선생이 불교유신론, 님의 침묵 등을 집필한 곳으로 유명
하다.

  한계리 쉼터에서 용대삼거리(용대리 산 262)에 이르는 46번 옛 국도는
한계터널과 용대터널(2009~2010년) 개통 이후 자전거 도로로 변하였
다. 물론 차도 간혹 지나지만….

한계리

  도로변으로 한계북천이 흐르고 단풍으로
물든 오색영롱한 물빛 사이를 소나무,
상수리나무가 북천 따라 끝없이 열병
식을 벌이고 간혹 다람쥐가 도로변을
가로지르는 그야말로 걷기 좋은 길이다.

북천

용대리로 쉬엄쉬엄 이어진 길에 가을 햇볕이 따사롭다. 문득 2년 전 방
태산 아침가리계곡 물빛이 생각난다. 그때의 취중 自作詩 한 수!

月下醉仙(월하취선)

耳順에 철이 들까　　　山水間에 들었더니
새소리 바람 소리　　　仙境에 가득하네
친구야 西山月影에　　　호연지기 새겨보세

방태산 나린물이　　　아침가리 가득하고
설중화 홍단풍이　　　벽계수로 흘러드네
친구야 빙자옥질*로　　　견소포박** 하여보세

밤들자 한잔생각　　　달마중 벗이모여
사립문 열어놓고　　　권주가에 음풍농월
친구야 박주산채 라도　　　완월장취 젖어보세

북천

46번 옛국도

구만동 계곡

* 빙자옥질(氷姿玉質): 얼음처럼 투명한 모습과 옥과 같이 뛰어난 용모와 재주, 또는
  매화를 일컫는 말.
** 견소포박(見素抱樸): 노자의 도덕경 19장에 물들이지 않은 명주의 순박함을 드러내
  고 다듬지 않은 통나무의 질박함을 품으라는 뜻(순수와 질박함을 간직하고 보여주다).

◇ 2011년 12월 16일 여덟 명의 동기 부부(본인, 박순자 님/박동준, 오숙영 님/배성홍,
  이차옥 님/최영환, 김혜숙 님)가 정감록의 十勝之地, 인제군 방태산 아침가리계곡에
  서 모였을 때 지은 시이다.

016일차   13.11.06.(수)

인제군 북면 용대리 백담사 입구 ~ 고성군 관성읍 광산초등학교

진부령 정상의 미술관과 황태덕장

▷ 들머리	백담사 입구			
1구간	09:10–10:20	용대리 자연휴양림	5.1km	70분
2	10:30–11:20	진부령 미술관	4.0km	50분
3	11:40–12:20	진부령 휴게소	3.2km	40분
4	12:25–13:05	제추골 산장	3.0km	40분
5	13:20–14:20	신평교	3.6km	60분
6	14:30–15:10	장신1리 마을회관	3.4km	40분
▷ 날머리	15:20–16:30	광산초교	4.1km	70분
▷ 합계			26.4km	370분
▷ 숙소	광산리 508–2 민박(동네슈퍼)			
▷ 비용	아침 6:40 동서울–백담사 도착 9:05, 요금 15,900원 커피 2,000원/분식 4,000원/빵 3,000원/석식 김치찌개 10,000원/숙박비 20,000원/計 54,900원			

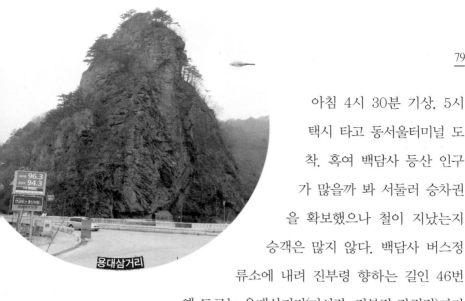
용대삼거리

아침 4시 30분 기상, 5시 택시 타고 동서울터미널 도착. 혹여 백담사 등산 인구가 많을까 봐 서둘러 승차권을 확보했으나 철이 지났는지 승객은 많지 않다. 백담사 버스정류소에 내려 진부령 향하는 길인 46번 옛 도로는 용대삼거리(미시령, 진부령 갈림길)까지 이어진 한적한 자전거도로이고 이후 4㎞ 정도 힘들지 않은 오르막길 끝에 해발 520m 진부령 정상도로 표지석이 있다.

진부령 정상에 고성군청 진부령 미술관(이중섭 기념관)이 뜬금없이 자리하고 있다. 건물 3층엔 이중섭 화백의 작품이 상설 전시되고 있다. 1층은 시인, 영화배우, 감독, 소설가, 화가 등 우리나라 근대 유명인의 사진과 영화 포스터, 옛 서적이 전시되어 있으며, 2층은 대한민국 유명화가의 작품이 번갈아 전시되는 공간이다. 잠깐이지만 이 미술관 관람 또한 강원도 여행길의 멋스런 추억이다. 520m 고개 정상에서 내려오니 늦가을의 정취가 계곡에 완연하다. 곧 이 골짜기에도 추위가 찾아오겠지만…

진부령 군계교

이중섭 기념관

진부령 장신리 계곡

　예전만 못한 황태덕장 곳곳이 기둥뼈대만 덩그렇지만 올해는 명태가 가득하길 빌어보며 진부령 고개 너머 고성군 간성읍으로 접어든다. 벌써 DMZ길을 밟은 지 16일 차! 내일 17일 차는 DMZ길 동서횡단 마지막 날이다.

017일차 13.11.07.(목)

고성군 간성읍 광산초등학교 ~ 고성군 현내면 통일 안보공원

통일 염원으로 DMZ길 끝에 서다

▷ 들머리	광산초등학교			
1구간	08:40–09:50	초계교	4.5km	70분
2	10:00–10:40	고성 소망 노인요양원	3.0km	40분
3	11:20–12:00	송정 교회	3.8km	60분
4	12:10–13:30	박포수 가든	5.7km	80분
5	14:10–15:10	대진해수욕장	4.2km	60분
▷ 날머리	15:20–15:40	통일전망대 출입통제소	1.2km	20분
▷ 합계			22.4km	330분
▷ 숙소	서울 자택			
▷ 비용	조식: 시골식당 된장찌개 6,000원/중식: 3대 전통막국수전문점(박포수가든) 7,000원/석식: 우유, 빵 3,000원/커피 2,000원/대진–서울 버스요금 22,000원/잠실 1,450원/합계 41,450원			

간성기선(서단)

17일 차! 10.1일 잠실 석촌호수에서 임진강 오두산 전망대를 돌아 휴전선 최북단 도로를 따라 서쪽에서 동쪽으로 하루 평균 24km를 걸었다. 이제 동서횡단 마지막 날이다. 광산초등학교를 끼고 46번 도로를 벗어나 한적한 시골 길 남강로를 따라 송정리를 지나는 동안 동네 개들은 어김없이 나그네를 반겨준다. 지나는 길가 추수 끝난 논밭에 까마귀 떼가 극성이다. 이윽고 화진포에 접어든다.

점심때 허기를 채우느라 들른 박포수가든의 동치미메밀막국수가 무척 시원하다. 메밀 만둣국도 사골국물맛과 만두피, 만두소 모두 훌륭하다. 오늘이 대입 수능일인데 입동(立冬)이다. 새벽 비와 천둥, 번개 끝에 날씨는 흐리고 바람이 장난 아니다. 화진포에 접어들었다.

해상리 노송

화진해수욕장 해변도로에서 쳐다본 동해바다는 새파란 유리알처럼 차갑게 느껴진다. 금강산 콘도를 지나 최종 목적지 통일안보공원(통일전망대 출입신고소)에 들어섰다.

17일 차 총 416km, 1차 DMZ 최북단 도로 동서횡단 대장정을 마친다. 우보천리(牛步牛里), 소처

럼 천천히 걸으며 산, 들, 내, 호수, 강, 계곡을 안고 걸으며 비, 구름, 바
람, 안개 속에서 산천 유람의 풍미를 느끼고, 정전 60년이 지난 휴전선
의 기운도 느끼고 사람 냄새도 맡아 보았다.

　천천히 가면 보이는 모든 것들에 깊이 고마움을 새긴 17일에 걸친 1차
도보횡단이었다!

제 2 부

동해 해돋이길

- 21일 626㎞

2014.5.19.~2014.7.4.

626k m÷21일=29.8㎞(일 평균)

비용 1,350,200원÷21일=65,000원

018일차 14.5.19.(월)

고성군 고성통일관 ~ 고성군 죽왕면 공현진리 143

동해바다를 낀 고성-부산 해파랑길 600㎞ 첫걸음을 떼다

▹ **들머리**	고성 통일관			
1구간	10:00-11:10	화진포 김일성별장	5.9km	70분
2	11:30-12:30	거진복지회관	5.6km	60분
3	13:20-14:20	반암해수욕장	4.0km	60분
4	14:30-15:40	간성터미널	5.2km	70분
▹ **날머리**	16:00-17:30	공현진항	6.6km	90분
▹ **합계**			27.3km	350분

▹ **숙소** 공현진리 킹덤모텔(033 638 2002)

▹ **볼거리** 화진포의 섬(김일성 별장)/거진반암 해변 산책로

▹ **비용** 동서울-대진 22,200원/조식 우동, 오뎅 6,000원/중식 7,000원/석식. 소주 10,000원/모텔 40,000원/신문, 휴지 2,000원/計 87,200원

　오전 6시 40분 동서울터미널에서 대진행 고속버스에 오르다. 10시 10분 전에 도착, 운 좋게 고성 통일관으로 가는 승용차에 무임승차를 하는 행운을 얻었다.

대진행 승차권

통일전망대

　10시에 통일관에서 동해안 해파랑길의 첫발을 뗀다. 해파랑길은 부산 오륙도해안공원에서 고성 통일전망대에 이르는 770km에 달하는 국내 최장 거리 탐방로이다. 문화부는 이 길을 공모로 이름 짓고 2009, 11월부터 2014년까지 170억을 투입, 동해아침길, 화랑순례길, 관동팔경길, 통일기원길 등 4가지 테마 길로 조성했다.

　16km 화진포 둘레길의 해당화가 무척 향기롭다. 해당화 꽃은 짙은 분홍색으로 열매는 식용으로 쓰이기도 하며 향수의 원료, 또는 어혈을 풀어주고 종기를 낫게 하고 진통의 효과가 있다. 거진항을 벗어나 반암해수욕장으로 이어지는 해파랑길 48코스 목재 데크 산책로가 해안선 모래사장을 따라 잘 꾸며져 있다. 하루 종일 해무가 잔뜩 끼어 꽤 서늘한 기운이 온몸을 감싼다. 거진항은 주문진항이나 대포항보다 규모가 작지만 건어물 가게가 제법 많다.

화진포 해양박물관　　　　　　화진포 해수욕장

019일차   14.05.20(화)

고성 죽왕면 공현진리 ~ 양양군 강현면 물치리

한반도 신석기 새역사를 쓰는 문암리

	들머리	죽왕면 공현진리			
	1구간	07:05–08:05	죽왕면 보건지소	4.3km	60분
	2	08:20–09:20	문암대교	4.1km	60분
	3	09:30–10:20	아야진항	4.0km	50분
	4	10:40–11:00	청간정	1.2km	20분
	5	11:20–12:00	봉포항	2.8km	40분
	6	12:10–13:10	장사항	4.2km	60분
	7	14:00–14:30	영금정	2.2km	30분
	8	15:00–15:50	속초 해변자연박물관	3.8km	50분
▷	날머리	16:00–17:20	물치해수욕장	5.0km	80분
▷	합계			31.6km	450분

▷ 숙소   바다민박(033 671 5048)

▷ 볼거리   고성 문암리 초기 신석기 농경 유적지, 청간정, 영금정

▷ 비용   조식 6,000원/냉커피(편의점) 1,500원/중식 15,000원/석식 7,000원/바다민박 50,000원/計
79,500원

송지호 해수욕장

백도 해수욕장

아침에 일찍 일어나 공현진항구 공사 인부들이 이용하는 현장식당에서 백반정식을 먹었다. 꽤나 훌륭한 음식 솜씨다. 고성 문암리 지역은 국내 최고의 신석기 유적지로 조사되고 있으며 다량의 토기가 출토되어 한반도 신석기 시대 역사를 연구하는 학술자료로 평가되고 있다. 문암리 지역은 5000여년 전 신석기 시대의 건축구조와 양식이 밭 한가운데에 발굴되어 이미 진주 대평리 청동기 시대에 유적보다 앞선 것으로 조사되었다. 따라서 한반도 농경의 역사가 청동기 시대(기원전 1500여년 전~400년 전)보다 1500년 전 앞선 신석기 시대로 판명된 중요한 유적지이다. 여기에서 돌괭이, 뒤지개, 보습, 갈돌, 조, 기장 등의 탄화 곡물이 발굴되고 있다.

문암대교를 지나면서 청간정에 이르는 해안 산책길이 무척 예쁘게 단

고성8경 천학정

장되어 있다. 다만 해안가의 무심한 철책선은 언제 없어질는지…. 고성팔경 중 4경에 해당하는 청간정의 현판은 1953년 故 이승만 초대 대통령의 친필이다.

영금정을 지나 속초 해안가를 나오니 아바이 순대, 생선구이 집의 식욕을 자극하는 냄새가 해변에 질펀하게 깔려 있다. 속초항 청호동을 가로지르는 금강대교, 설악대교 사이에 무심한 갯배가 관광객(?)을 실어 나르고 있다.

영금정　　　　　　　　　속초 해변

020일차   14.5.21.(수)

양양군 강현면 물치리 19 ~ 양양군 현남면 인구리 638-1

낙산사에서 만난 동해안 절경

▷ 들머리	강현면 물치리			
1구간	07:00–08:20	낙산사 원통보전	5.6km	80분
2	08:20–09:00	해수관음상, 홍련암	2.0km	40분
3	09:20–09:50	낙산도립공원 해수욕장	1.0km	30분
4	09:50–10:50	오산교	5.0km	60분
5	11:10–12:00	일현미술관	3.8km	50분
6	12:20–13:30	중광정리	5.0km	70분
7	13:40–14:20	하조대 횟집	2.5km	40분
8	15:00–15:30	하조대	1.0km	30분
9	15:40–16:20	기사문항	2.8km	40분
▷ 날머리	16:30–17:30	인구해수욕장	2.8km	50분
▷ 합계			31.5km	490분

▷ 숙소   인구리 어메이징 호텔 (033 671 8070)

▷ 볼거리   낙산사, 하조대

▷ 비용   카페커피 5,000원/시주 10,000원/조식 7,000원/중식 10,000원/간식 3,000원/낙산사 입장
          3,000원/석식 7,000원/모텔 40,000원/計 85,000원

물치 해수욕장

　속초 대포항은 항만공사 이후 한결 깨끗해진 모습으로 설악산 초입에 자리하여 설악산을 찾는 여행객들에게 각종 회, 오징어, 멍게 등 풍부한 먹거리를 제공한다.

　낙산사는 지난 2005년 강원도 산불로 소실되었다가 2010년 10월 재건되었는데 원통보전, 해수관음상, 의상대, 홍련암으로 이어지는 경내 산책길은 동해안 제일의 절경이다. 특히 깎아지른 절벽 위 의상대의 소나무가 멋지다. 양양 남대천을 지나는 낙산대교 아래 산란기 황어떼가 유유히 떼 지어 유영하고 있다. 한나절 낚시의 유혹을 떨쳐버리고 가던 길을 재촉한다.

　하조대는 조선 개국공신 하륜과 조준이 잠시 은거하였다 하여 이름 지어진 정자인데 동해의 절경을 품고 있다. 속초 해맞이 공원에서 낙산사 근처 설악 해변 십리 목조 데크길은 해수욕장과 나란히 이어진 풍광 좋은 산책길이다.

낙산사 홍련암

낙산사 의상대

낙산대교

일현 미술관

낙산사 해수관음상

동호 해수욕장

하조대

기사문 해변

021일차　14.05.22.(목)

양양군 현남면 인구리 638-1 ~ 강릉시 송정동 87

팔만사천번뇌를 내려놓는 암자

▷ 들머리	현남면 인구리			
1구간	07:10—07:25	휴휴암	1.2km	15분
2	07:45—08:30	휴휴암 쉼터식당	0.5km	45분
3	08:30—09:40	남애리 고독카페	5.1km	70분
4	09:50—11:10	주문진 소돌해변	5.6km	80분
5	11:30—12:50	연곡 해수욕장	5.9km	80분
6	13:50—14:50	사천진해변	4.2km	60분
7	15:00—15:50	순긋 해변	3.6km	50분
8	16:00—16:30	경포호삼거리	1.9km	30분
▷ 날머리	16:50—18:00	송정노인회관	4.5km	70분
▷ 합계			32.5km	500분
▷ 숙소	서울 자택			
▷ 볼거리	휴휴암, 남애항, 주문진항, 경포해수욕장			
▷ 비용	조식 3,000원/시내버스 1,200원/휴휴암 시주 2,000원/고독 커피 5,000원/중식 7,000원/고속버스 14,600원(강릉—동서울)/석식 우동 4,000원/간식, 커피 3,000원/지하철·버스 1,450원/計 41,250원			

휴휴암 지혜관세음보살

　휴휴암은 기암괴석과 바다가 어우러진 풍광 좋은 곳에 위치한, 팔만사천번뇌를 내려 놓고 쉬고 또 쉰다는 바닷가 암자이다. 왠지 마음이 넉넉해지는 암자 마당의 두 꺼비, 거북이, 지혜관세음보살, 뒤편으로 동해바다가 한 폭의 그림이다. 남애리 해변찻집 카페 '고독'에서 커피 한잔을 놓고 인성 고운 주인장(오향숙 님)이 들려주는 7080 노래

남애리고독카페

에 젖어보는 것도 여행의 큰 즐거움이다. 해변 모래사장과 바로 이어진 카페라서 해변 데크에서 시와 음악을 감상하기에 무척 분위기 좋은 곳이다. 동해안 강릉 속초해안을 찾을 때는 어김없이 들르는 곳이다.

주문진항

　　경포해변을 끼고 도는 관광객용 꽃마차의 늙은 말이 애처롭다. 잘 단장된 경포해변은 송정

주문진항

연곡 해수욕장

해변까지 나무 데크로 이어져 있어 산책길이 편안하다. 경포해변과 강문 해변을 연결하는 길이 90m 아치형 인도교는 '강문솟대다리'라는 이름으로 야간에는 형형색색으로 밤바다 주변 횟집, 카페, 음식점과 어울려 빛 나겠지(?)….

사천진 해수욕장

강문 솟대다리

강릉시 송정동 87 ~ 강릉시 강동면 심곡리 102

모래시계의 추억 그득한 정동진

▷ 들머리	강릉시 송정동			
1구간	10:00–11:40	청량 교차로	6.5km	100분
2	11:50–12:50	상시동 147–1	3.8km	60분
3	13:40–15:40	동명낙가사	6.8km	120분
4	15:50–16:50	정동진역	3.6km	60분
▷ 날머리	17:00–18:10	심곡항	4.4km	70분
▷ 합계			25.1km	410분

▷ 숙소   심곡항 나폴리모텔(033 644 7412)

▷ 볼거리   정동진역, 모래시계 공원

▷ 비용   서울–강릉 14,600원/중식 6,000원/신문 800원/냉커피 3,000원/ 과일주스 5,000원/우동,
             오뎅 5,500원/석식 9,000원/모텔 30,000원/計 73,900원

아침 6시 30분 동서울에서 강릉으로 간다. 일주일에 4일(월~목요일) 걷는 일정이다.

송정 노인회관에서 공항대교를 건너 빨간 마후라의 신화 제18공군 전투비행단을 빙 돌아서 청량교차로에서 7번 국도에 합류한다. 강동초등학교를 지나 비로소 안인해변으로 방향을 잡고 동명낙가사를 지나 정동진으로 간다.

좌측으로 동해의 푸른 물결은 끝없이 이어지고 우측으로는 괘방산의 산세가 자못 위세 등등하다. 모래시계의 추억이 그득한 정동진역은 해돋이 명소로 자리 잡고 주변 상점도 활기차다.

비행장 교차로

강릉통일공원

정동진역

역 구내 입장권이 500원이라니… 재미있다. 입장권을 사고 역구대로 들어서면 정동진이란 안내 표지판이 보인다. 광화문에서 곧바로 동쪽이라는 뜻이겠다. 철길을 건너면 일명 모래시계 소나무가 멋있다. TV 드라마의 무서운 위력(?) 덕분에 사시사철 유명한 관광지가 되었다. 아마 정치·경제·문화·역사적 내용이 없어도 드라마 촬영지가 이제 새로운 볼거리를 제공하는 단초가 된 곳이 아닐까 생각해본다. 통일공원에 있는 북한 잠수정이 꽤 을씨년스럽다. 조그만 포구가 예쁜 심곡항 나폴리모텔에서 여장을 풀고 2층 카페에서 과일주스 한잔을 마시고 석식은 환상적인 망치 매운탕으로….

심곡항

023일차　14.05.27.(화)

강릉시 강동면 심곡리 102 ~ 삼척시 교동 413-5

동해 물과 백두산이… 촛대바위

▷ 들머리	강동면 심곡리			
1구간	06:00–06:30	금진 신흥식당(033 534 2277)	2km	30분
2	07:10–09:00	도직해변	6.6km	110분
3	09:10–10:10	망상역(폐쇄)	3.7km	60분
4	10:20–11:20	어달해변	3.8km	60분
5	11:30–12:10	묵호항	2.6km	40분
6	13:00–14:10	동해시 평생학습관	4.5km	70분
7	14:20–16:20	촛대바위	7.9km	120분
8	16:30–17:40	삼척시청	4.7km	70분
▷ 날머리	18:30–19:20	교동 삼일민박	2.9km	50분
▷ 합계			38.7km	610분

▷ **숙소**　삼일콘도형 민박 (033 573 0320)

▷ **볼거리**　헌화로 해변도로, 추암해변, 추암 촛대바위, 죽서루

▷ **비용**　조식: 망치지리탕 6,000원/중식: 콩국수 5,000원/석식: 해물칼국수 6,000원/냉커피(3) 6,500원/우유, 빵, 커피 9,800원/민박 30,000원/計 63,300원

심곡해변

아침 06시 나폴리모텔을 출발, 금진항 신동식당에서 망치지리탕으로 어제의 아쉬운 식탐을 달랜다. 강릉 드라이브 제1의 명소인 심곡항과 금진항 사이 2㎞ 남짓 헌화로 해안도로가 굽이굽이 이름처럼 멋스러운 최고의 경치를 자랑한다.

도로이름도 삼국유사의 수로부인(신라 성덕왕 때 귀족 순정공의 아내)에게 어느 노인이 꽃을 바치며 부른 향가, 헌화가에서 유래되었다. 오늘 하루 종일 강풍 때문에 파도가 도로 위로 포말 지어 흩뿌린다. 이곳에 위치한 합궁골은 동해의 기운을 생성하는 음양이 조화로운 곳으로 알려져 신혼부부들이 즐겨 찾는 곳이라고 한다. 합궁골을 지나는 데 삿갓에 스님 복장으로 걸망을 메고 걷는 남해 망

합궁골

운산 수광암 知道 스님을 만났다. 남해 보리암에서
낙산사 홍련암까지 수도 보행 중이라 한다. 나무
관세음보살!

　이윽고 옥계해변을 지나 한라시멘트를 뒤로하
고 폐쇄된 망상역에서 지나는 열차를 배웅한다. 동
해시에 들어서서 추암 해변으로 발길을 돌린다. '동해물
과 백두산이…' 애국가 영상 속의 촛대바위가 여전히 웅자를 자랑한다.
관동팔경 중 하나인 죽서루를 보러가다가 삼척시청 화장실에서 휴대폰
을 분실, 죽서루를 가던 도중 되돌아와 다행히 찾았다. 삼척시청 고맙습
니다! 다만 죽서루를 보지 못한 아쉬움은 남는다.

촛대바위

삼척 해수욕장

024일차   14.05.28.(수)

삼척시 교동 413-5 ~ 삼척시 원덕읍 갈남리 신남항

한국의 나폴리 장호항과 보석 같은 해파랑길

▷ 들머리	삼척시 교동			
1구간	06:00-06:40	팰리스 관광호텔	3.1km	40분
2	06:50-07:20	정라동 주민센터	2.0km	30분
3	07:30-07:45	오분동 21세기공업사	1.5km	15분
4	07:50-09:00	상맹방리 오토캠핑장	4.5km	70분
5	09:20-10:20	근덕 종합문화센터	3.8km	60분
6	10:30-11:30	광태리 마을회관	3.9km	60분
7	11:40-13:00	궁촌 레일바이크	4.8km	80분
8	13:10-14:10	초곡항, 황영조기념관	3.7km	60분
9	14:40-16:00	장호항	5.7km	80분
▷ 날머리	16:10-17:20	해신당, 신남항	4.2km	70분
▷ 합계			37.2km	565분

- ▷ 숙소   해오름민박(010 5187 4214)
- ▷ 볼거리   궁촌 용호 레일바이크, 공양왕릉, 황영조기념관, 장호항
- ▷ 비용   청국장 7,000원/회덮밥 15,000원/간식 4,800원/커피(2) 3,000원/민박 30,000원/計 59,800원

삼척 교동 후진해변에서 비치조각공원을
지나 이사부 광장으로 이어지는 새천년 도로
는 동해바다를 끼고 해안절벽도로로 이어져
어디서나 일출을 감상하기 그만이라는 생각
이다. 삼척교를 지나 7번 국도 옛길로 접어
들면 맹방해수욕장으로 길게 이어지는 2㎞
남짓. 해안선이 절경이다. 궁촌과 용촌마을
을 잇는 레일 바이크가 젊은이를 유혹하고
있다.

소망의 탑

초곡항을 지나는 도로 아래에 있는 바르셀
로나 올림픽 마라톤 금메달의 영웅 황영조
기념관은 삼척의 자랑이다. 한국의 나폴리라
불리는 장호항과 해수욕장을 둘러보고 갈남
리 해신당 공원의 많은 남근석을 구경하는
재미도 쏠쏠하다. 해파랑길은 군데군데 예
쁜 장소를 숨겨뒀다가 다가서면 하나씩 내어

삼척교

놓는 보석 같은 존재이다. 그사이 궁촌-용
화의 한 시간 코스 레일바이크는 또 한 가지
재밋거리다. 궁촌 7번 국도 야산 언덕에 강
원도 기념물 71호인 고려 마지막 왕인 공양
왕의 능이 있어 왠지 처연한 느낌이다.

그런데 참, 길 이름도 많다! 해파랑길은 문
체부에서 부산 오륙도공원에서 강원 고성 통

상맹방 해수욕장

장호 해수욕장

장호항

일전망대 사이 688km 길을 이름 지었고,
관동팔경길은 해파랑길 중 경북 울진에서 고
성 구간을 말하고, 낭만가도는 강원도 고성군, 속
초시, 양양군, 강릉시, 동해시, 삼척시 등 6개 시군의 산과 바다를 끼고
이어지는 7번 국도 240km 해안절경길이다. 길 이름도 서로 협의하여 지
으면 여행하는 사람이 헷갈리지 않을 텐데….

  그곳을 지나면서 비릿한 어촌 냄새도 느끼고 포구의 갈매기도 보고 헉
헉거리며 이 고개 저 고개로 이어지는 고갯길을 넘다 보면 멀어졌다가
어느새 가까이 다가서는 바닷길이 참 친근하다.

해신당 공원

025일차　14.05.29.(목)

삼척시 원덕읍 신남항 ~ 삼척시 원덕읍 호산시외버스터미널

'강추' 하는 임원의 횟감

▷ 들머리	삼척시 원덕읍 신남항			
1구간	06:00−06:40	해승이골	3.5km	50분
2	06:50−07:30	임원항	2km	30분
3	07:40−08:50	작진삼거리	4.9km	70분
▷ 날머리	09:00−10:00	호산시외버스터미널	3.7km	60분
▷ 합계			14.1km	210분
▷ 숙소	서울 자택			
▷ 볼거리	해신당 공원, 호산항			
▷ 비용	백반뷔페(호산) 5,000원/우동, 오뎅 5500/냉커피(2) 3,000원/호산−동서울 버스요금 24,300원/신문, 기타 2,000원/잠실 1,450원/計 41,250원			

신남항

오늘은 서울에서 친구모임이 있는 날이다. 중학교 때부터 결성된 오십 년지기 돌멩이 文友들이 모인다. 정성욱, 박상윤, 성태경(캐나다 거주), 허환, 황주상(미국 거주), 최영환, 이문섭 등 여덟 명 중 매월 부부동반으로 10여명이 모여 붓고 마시고 떠드는 날이다. 10시 20분 호산발 동서울행 버스를 타기 위해 아침 일찍 신남항 민박집을 출발한다. 강원도 삼척시 신남항에서 호산항 사이에는 임원항이 있다. 임원항은 횟거리가 싸고 즉석에서 떠주는 횟감을 젓가락으로 이리 비비고 저리 비벼 먹는 그맛이 소문이 났다. 그런데 아쉽다. 시간이 허락하지 않아 회 비빔밥은 다음으로 미룬다. 동서울행 고속버스에 오르지만 다시 돌아와 밟아야 할 길이 있어 마음이 조급해진다.

원덕·근덕간 도로

원덕 읍사무소

026일차 **14.06.02.(월)**

삼척시 원덕읍 호산시외버스터미널 ~ 울진군 죽변면 봉평해변

등대와 교회 건물이 예쁘게 어우러진 죽변

▷ 들머리	호산시외버스터미널			
1구간	14:00–15:05	고포항	4.3km	65분
2	15:15–16:10	나곡해수욕장	2.7km	55분
3	16:20–17:40	옥계서원 유허비각	5.6km	80분
4	17:50–19:10	죽변항	5.5km	80분
▷ 날머리	19:30–20:00	봉평해변	2.0km	30분
▷ 합계			20.1km	310분

- ▷ **숙소**   봉평식당 민박(054 783 6999)
- ▷ **볼거리**   죽변 드라마세트장, 죽변등대, 죽변항, 울진봉평 신라비전시관
- ▷ **비용**   동서울–호산 버스요금 24,300원/중식 백반 5,000원/김밥 2줄 4,000원/석식 10,000원/
김치찌개 소주 3,000원/신문 700원/민박 20,000원/냉커피(2) 3,000원/計 70,000원

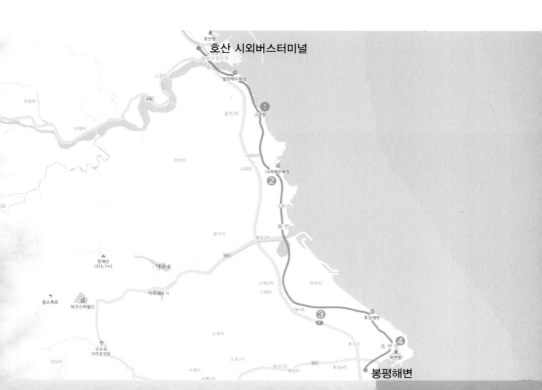

오전 9시 35분 동서울에서 호산행 고속버스를 타고 13시 45분 호산에 도착. 14시 걷기 시작하다. 호산에서 죽변까지는 계속 7번 국도를 따라 걷는 길인데 갈령재 정상까지 계속 오르막길 4㎞가 이어진다. 정상부근은 강원도 삼척과 경북 울진의 경계지점이다.

죽변항은 독도와 직선거리 상에 있는 어항이며 철 따라 대게, 홍게, 오징어, 꽁치, 정어리, 명태잡이로 이름난 곳이다. 옛날에는 고래잡이 포경선이 줄 서서 있던 어업전진기지로 규모가 컸다. 죽변이란 이름은 대나무가 많은 바닷가 변두리 마을이란 뜻이다.

2004년 SBS 드라마 '폭풍속으로' 촬영지로 해변 등대와 어울려 많은 관광객이 죽변을 찾게 만드는 곳이기도 하다. 특히 세트장과 이웃한 교회건물이 예쁘다. 실제 예배도 본다한다.(?)

죽변 등대는 1907년 일본군이 러시아군 감시 목적으로 세워 울릉도와 가장 가까운 등대로 경북 지정기념물 154호이다. 드라마 세트장 건너편에 위치하여 대나무 숲길로 이어진 오솔길을 따라 등대 언덕을 돌아보는 것도 무척 운치가 있다.

봉평해변

울진군 죽변면 봉평해변 ~ 울진군 기성면 봉산리 331-5

관동제일루 망양정!

▷ 들머리	봉평해변			
1구간	05:50-07:30	울진 초등학교	8.3km	100분
2	08:10-09:20	망양정	5.0km	70분
3	09:30-10:00	산포교회	2.1km	30분
4	10:10-11:00	진복2리 복지회관	3.5km	50분
5	11:10-12:00	대덕식당	3.6km	50분
6	13:00-14:10	망양2리 마을회관	4.6km	70분
7	14:20-15:10	사동 보건진료소	3.0km	50분
▷ 날머리	15:30-17:30	백사장펜션	7.0km	120분
▷ 합계			37.1km	540분

▷ 숙소 기성면 봉산리 331-5 백사장펜션(054 788 5800)

▷ 볼거리 망양정해수욕장, 망양정, 울진대종, 성류굴

▷ 비용 조식 3,500원/중식 10,000원/저녁 된장찌개 6,000원/소주 6,000원/커피(2) 3,000원/민박 30,000원/計 58,500원

봉평-울진 해변

아침부터 내리는 비가 하루 종일 이어진다. 울진대교를 지나 917번 국도를 만난다. 7번 국도와 해변 길을 번갈아 걷다가 울진군 북면 부구에서 시작되어 왕피천을 따라 이어지는 917번 국도는, 망양정해수욕장을 지나 덕산 교차로에서 끝나는 약 30㎞ 되는 도로로, 바닷가 풍치를 한껏 느끼게 해준다. 조선 숙종이 '관동제일루'란 친필편액을 하사하고, 송강 정철은 '관동별곡'에서 망양정의 절경을 노래하였고, 겸재 정선은 관동명승첩으로 망양정을 화폭에 담았다. 망양정은 917번 도로 우측 언

울진 엑스포 공원

덕 위에서 동해를 굽어보고 우뚝 서 있는데 고려 시대 처음 세워진 이후 5~6회에 걸쳐 이전, 재건축되다가 2005년 기존 정자를 해체하고 지금의 정자로 현 위치에 세웠다.

울진대종

하루 종일 비 맞은 몰골로 울진비행훈련원 인근에 있는 서울에서 귀향한 부부(이정원, 김자영 님)가 운영하는 백사장펜션에서 피곤한 몸을 쉰다. 이 부부가 끓여주는 된장찌개가 일품이다. 낮에 잡아온 광어구이 한 마리를 술안주 삼아 하루의 피로를 푼다.

관동 제1루 망양정

울진대게

백사장펜션 이정원 님

028일차 **14.06.04.(수)**

울진군 기성면 봉산리 331-5 ~ 영덕군 축산항

금빛모래, 얕은 수심, 울창한 송림의 고래불

▷ 들머리	울진군 기성면 봉산리			
1구간	06:00-07:00	구산휴게소	4.3km	60분
2	07:40-08:10	월송정	1.7km	30분
3	08:10-08:40	월송사거리	2.1km	30분
4	09:00-10:10	거일리 바다목장 해상 낚시 공원	4.3km	70분
5	10:30-11:20	후포 회센터(어시장)	3.0km	50분
6	12:10-15:30	고래불해수욕장	11.4km	200분
7	15:40-17:20	대진항	6.0km	100분
▷ 날머리	17:30-19:20	축산항	5.8km	110분
▷ 합계			38.6km	650분

▷ 숙소   가야모텔(054 732 3399)

▷ 볼거리   월송정, 거일리 바다목장 낚시터, 고래불해수욕장

▷ 비용   조식 된장찌개 6,000원/중식 삼계탕 12,000원/소주 3,000원/커피 1,500원/ 사과, 토마토 3,000원/석식 물가자미찌개 10,000원/땅콩 4,000원/가야모텔 30,000/計 69,500원

월송정 소나무

　하루 종일 잔뜩 찌푸린 날씨 속에 2014년 지방선거가 치러지고 있으나 시골동네는 무척 조용하다. 후보들의 현수막만 요란하다. 투표율은 50~60% 예상된다는데, 난 지난 30일 사전 투표를 했기에 마음 가뿐하다.

　송강 정철이 관동팔경이라 이름한 고성군의 청간정, 양양군의 낙산사, 강릉시의 경포대 울진의 망양정에 이어 월송정을 보러 간다. 아쉽게 보지 못한 죽서루(삼척), 삼일포(이북 고성), 총석정(이북 통천)은 다음 기회로….

　아쉽게도 2014.6.24.까지 월송정 단청공사가 진행 중이다. 국도에서 월송정에 이르는 소로에 빼어난 소나무 군락이 멋지다. 일주문 좌측에 평해황씨시조제단원이 자리 잡은 문양새가 무척 단아하다. 월송정은 중국 월나라에서 가져와 심은 소나무라 하고 지금의 현판은 최규하 전 대통

후포 어시장

고래불 해수욕장

축산항

령 친필이다. 울진의 망양정과 월송정은 원래 행정구역 개편 전에 강원
도 지역으로 대관령 동쪽팔경이었다. 관동팔경 중 빼어난 해송림으로 고
려시대 이후 수많은 시인 문객이 즐겨 찾았던 유람지이었으며 신라시대
四仙인 永郎(영랑), 述郎(술랑), 南石(남석), 安詳(안상)이 유람했던 곳으
로 만그루 소나무가 명사십리에 절경을 이루고 있다.

경북 영덕군 병곡면 병곡리, 덕천리의 고래불 명사 이십리 해수욕장이
무척 아름답다. 그리고 새로 만들어진 고래 분수대의 분수 쇼가 야간에
해수욕장을 밝힐 것이다. 특히 금빛모래, 얕은 수심, 울창한 송림이 고
래불 대교를 지나 영해면 대진해수욕장까지 길게 이어진 최고의 해수욕
장이다. 영해면 대진항은 자그마하지만 무척 정겹다. 동해안 세 곳의 대
진항 중에서 고성군 현내 대진항보다는 규모가 좀 작고 삼척 근덕면 동
막리 대진항과는 규모가 비슷하다.

대진3리해변

029일차　14.06.05.(목)

영덕군 축산항 ~ 영덕군 강구면 강구항

강구계판

▷ 들머리	영덕군 축산항			
▷ 1구간	07:00~08:30	석동교회 입구	6.0km	90분
▷ 2	08:40~09:20	오보해변삼거리	3.0km	40분
▷ 3	09:30~10:00	영덕 해맞이공원	1.6km	30분
▷ 4	10:20~11:00	대부리 마을회관	3.3km	40분
▷ 5	11:10~12:10	금진삼거리	3.6km	60분
▷ 날머리	12:20~13:20	강구버스터미널	3.4km	60분
▷ 합계			20.9km	320분
▷ 숙소	서울 자택			
▷ 볼거리	죽도산 전망대. 영덕 해맞이 공원. 엽덕 풍력 발전단지			
▷ 비용	조식 추어탕 7,000원/간식 5,000원/중식 돼지국밥 7,000원/커피 2,000원/소주 3,000원/강구―영덕 버스요금 1,200원/영덕―동서울 버스요금 26,700원/計 51,900원			

석리마을고개 영덕해맞이공원 영덕해맞이공원

아침 일찍 축산항을 구경하고 일찍 문을 여는 식당을 찾으니 온통 회, 매운탕 일색인 식당가에 반갑게도 '대밭골 감자탕' 식당이 있다. 메뉴에 추어탕이 있길래 선뜻 부탁한다. 아주 훌륭하다. 식사 후 영덕 블루로드 B코스 축산에서 강구까지 오십리 길을 걷는다. 제법 숨차게 오르는 경정리고개, 노물해변으로 이어지는 깔딱고개, 대탄리고개를 연신 내리는 가랑비 속에서 파도치는 동해바다를 좌측 겨드랑이에 끼고 걸었다.

영덕 해맞이공원이 해안가 절벽을 끼고 무척 잘 단장되어 있어 영덕의 관광명소 구실을 하고 있다. 점심 무렵 오십천을 끼고 자리한 강구항에 도착했는데 이미 영덕대게축제가 지난 4월에 열렸지만 지금도 강구는 게판(?)이다. 게 철은 2~4월이 제철이란다. 그래서 20번 지방도가 '영덕대

게로'이며 특히 축제기간(14.4.3.~4.6.)에는 이 작은 항구에 50만 관광객

이 몰렸단다. 본래 대게 원조 마을은 영덕군 축산면 경정리라고 한다.

030일차 14.06.16.(월)

영덕군 강구면 오포리 강구항 ~ 포항시 북구 청하면 월포해변

들어오면서, 살면서, 떠나면서 세 번 생각하라

▷ 들머리	강구항			
1구간	12:30–13:20	삼사 해상공원	2.6km	50분
2	13:30–14:50	구계휴게소	5.0km	80분
3	15:00–15:30	경보화석 박물관	2.0km	30분
4	15:40–16:10	장사 상륙작전비	1.8km	30분
5	16:20–18:00	조사리해변	7.2km	100분
▷ 날머리	18:10–19:00	월포해변	3.6km	50분
▷ 합계			22.2km	340분
▷ 숙소	월포 1박 2일 펜션(010 6785 3013)			
▷ 볼거리	삼사공원(경북 대종각, 영덕 어촌민속전시관), 경보화석박물관			
▷ 비용	동서울–영덕 버스요금 26,700원/조식 우동, 오뎅 5,500원/중식 7,000원/영덕–강구 버스요금 1,300원/석식 6,000원/민박 30,000원/땅콩, 신문. 커피(2) 6,800원/참외, 토마토, 8,000원/計 91,300원			

  07시 동서울 출발, 11:30분 영덕 도착, 11:43분 영덕 출발, 11:51분 강구도착. 드디어 십여일간 서울에서 밀린 일 처리하고 강구로 내려와 다시 걷기 시작하다. 7번 국도를 따라 삼사 해상공원에 들리다. 산책로 위에 경북 대종각과 영덕 어촌민속전시관이 자리하고 있고 가수 태진아의 동생 조방원 건어물 가게도 있다.

  삼사란 들어오면서, 살면서, 떠나면서 세 번 생각하자고 이름 지었다나 (?). 어촌 민속전시관은 볼거리가 꽤 다양하다.

  7번 국도와 해안마을 도로를 들락거리며 원척리의 경보화석박물관(입장료 4,000원)에는 세계 30여 국의 화석 2,500여 점이 전시되어 있는데 경보 강해중 선생이 20년에 걸쳐 수집한 화석을 전시한다. 관심있는 분들에겐 귀한 볼거리가 될 것이다. 7번 국도를 벗어나 들어선 20번 국도가 월포에서 포항까지 바닷가 해안도로로 이어진다.

031일차 14.06.17.(화)

포항시 북구 청하면 월포해수욕장 ~ 포항시 남구 동해면 입암리 산타크루즈 펜션

경제발전의 초석, 포스코여 영원하라!

▷ 들머리		월포해수욕장		
1구간	04:30–05:20	청진교회	4.2km	60분
2	05:40–06:30	칠포마루펜션	3.8km	60분
3	06:40–06:50	설바위 스쿠버 횟집	1.0km	20분
4	07:40–08:30	강림중공업	3.6km	60분
5	08:40–09:30	우목동 회관	3.5km	50분
6	09:40–11:00	대도중학교	5.3km	80분
7	11:10–12:00	여객선 터미널	3.8km	60분
8	13:00–15:00	포스코 역사관	7.7km	120분
9	15:30–18:00	산타크루즈펜션	9.1km	110분
▷ 날머리	18:00 – 18:20	호미곶광장	(14.8km)	자동차
▷ 합계			42km	620

▷ 숙소   호미곶 올레길펜션(054 284 0226, 구만리 549–5)

▷ 볼거리   사방기념공원, 환호공원, 영일대해수욕장, 포스코 역사관

▷ 비용   조식 회덮밥 12,000원/중식 된장찌개 7,000원/커피(2) 3,000원/숙박비 30,000원/과자안주
         4,000원/ 계 56,000원

사방기념 공원

오늘은 새벽에 출발, 호미곶 광장으로 향한다. 월포해변에서 20번 도로를 끼고 용두, 이가, 청진, 오도리를 차례로 거치며 포항 시내에 가까워지면 사방기념공원을 지나게 된다. 북구 흥해읍에 위치한 공원은 사방사업의 본보기로 1975년 故박정희 대통령이 국가 치수사업으로 조성한 곳이다. 시내에 위치한 환호공원도 깔끔하게 정돈된 분위기다.

무엇보다 오늘 우리나라 부국의 기초가 된 포철의 신화는 세계 역사상 유례가 없다. 故박정희 대통령과 박태준이란 두 거목에 의해 1970년 연 103만톤 생산계획의 종합제철소를 착공하여 1973년 제1기 시설을 준공하고, 이후 2기, 3기 계속 생산규모를 확장하여 지금의 세계 굴지의 일관제철소가 만들어졌다. 가슴 뜨거운 대한민국 경제발전의 초석, 포스코여 영원하라!

포스코 역사관

포스코 역사관을 나올 때 계단에서 발목을 삐끗한 탓일까? 약간 시큰거린다. 바닷가 경치를 보며 약간 오르막길을 걸어 산타크루즈펜션 앞에 다다른다. 비싼 펜션

새천년 기념관

연오랑 세오녀상

숙박의 유혹에 약간 흔들리는데 노년의 신사부부가 어디까지 가느냐고
물어준다! 호미곶이 행선지라니까 자기들도 그쪽을 간다고 태워주신다.
무척 고맙다.

  호미곶 광장에 내려 구경하고 숙소를 찾으니 가까운 곳 펜션에서 평일
이라 싸게 재워준다기에 30,000원에 낙찰! 직접 자동차로 3㎞ 떨어진 펜
션까지 직접 데려다주신다. 그리고 어부 친구들이 직접 잡아온 횟감, 대
게 등 푸짐한 안주를 내어놓고 소주 파티에 데려가서 초대해 주시길래
비상용 중국 고량주를 배낭에서 꺼내어 마당에서 대작! 65세 갑장 박세
문 님! 고마운 분이다.

올레길펜션 박세문 님

032일차　14.6.18.(수)

포항시 호미곶면 구만리 올레길펜션 ~ 포항시 남구 장기면 모포리 338-1

한반도 최동단 호미곶에 서다

▷ 들머리	호미곶면 구만리			
1구간	09:30–10:00	호미곶 광장	2.9km	70분
2	10:10–10:40	그린오토캠핑장	2.4km	120분
3	10:50–11:30	강사리옹심이 칼국수	3.0km	40분
4	12:00–12:50	석병1리 마을 회관	3.6km	60분
5	13:10–14:20	구룡포항	4.3km	80분
6	14:30–15:50	장길교회	5.6km	50분
▷ 날머리	16:10–17:10	모포리 해송농장	4.0km	40분
▷ 합계			25.8km	460분

- ▷ 숙소　해송농장 (054 284 1633)
- ▷ 볼거리　호미곶 해맞이 광장, 상생의 손, 연오랑 세오녀상 새천년기념관, 등대박물관
- ▷ 비용　조식: 빵·우유 3,000원/중식: 옹심이칼국수 7,000원/ 석식: 오리주물럭 15,000원/소주 3,000원/민박 30,000원/計 58,000원

호미곶 해변

어제의 노독이 덜 풀렸다. 느지막이 일어나 호미곶 광장을 둘러본다. 바닷가 가장자리에 한반도를 품은 오른손 손바닥은 하늘로 향한다! 한반도 꼬리에 방점을 찍는 호미곶을 삥 둘러 구룡포까지 내달린다. 대동배리에서 호미곶에 이르는 해안도로는 마치 제주도 현무암 바다정원을 옮겨놓은 듯하다.

드디어 호미곶! 한반도 최동단 해맞이 제1의 명소이다. 새천년기념관이 만여 평이나 되는 큰 광장에 자리하고 있고 기념조형물, 연오랑 세오녀상 공연장이 건립되어 있다. 또 청동 주조물로 만든 상생의 손이 광장과 바닷속에 각각 마주 보게 설치되어 있어 상생과 화합을 상징한다. 국립등대박물관은 무료이며 등대관,

석병리 해변

기획전시관, 해망관, 야외 전시관이 제법 잘 구성되어 있다. 제법 번화한 구룡포 항구도 '계판'이다.

해안도로와 929번 도로를 번갈아 걷다가 구룡포를 지나 다시 함경남도 안변군 위의면에서 부산 기장군 일광면까지 이어진 31번 국도를 만난다. 장길 해안을 지나 모포리해수욕장 인근의 해송농장에서(박창무, 손명식 부부 운영) 여장을 풀다. 저녁 오리요리를 맛있게 해주는 8년 전 귀촌한 70세 청년(?) 주인장 박창무 님과 소주 한잔(?)으로 노독을 푼다.

해송농장

033일차   **14.6.19.(목)**

포항시 남구 장기면 모포리 338-1 ~ 경주시 양남면 나아해변

죽어서도 나라를 지키는 문무왕릉

▷ 들머리		장기면 모포리		
1구간	06:30~07:10	영암리 코지스위트	3.2km	40분
2	07:20~08:10	양포항	3.7km	50분
3	08:20~10:40	송대말 등대	10.5km	140분
4	10:50~11:20	감포읍 농협	1.7km	30분
5	12:30~14:20	이견대	7.6km	110분
6	14:30~14:50	문무대왕릉	1.3km	20분
▷ 날머리	15:00~16:50	나아해변	6.4km	110분
	17:00~18:10	나아해변~경주		시내버스
	18:20~22:20	경주~동서울		시외고속

▷ 합계			34.4km	500분

▷ 숙소   서울 자택

▷ 볼거리   송대말 등대, 감포항, 이견대, 문무대왕릉, 월성 원자력 홍보관

▷ 비용   조식 된장찌개 5,000원/신문(2) 1,500원/중식 가자미찌개 10,000원/석식 콩국수 5,000원/소주 3,000원/커피(2) 2,000원/봉길~경주 버스요금 1,500원/경주~동서울 버스요금 21,100원/計 49,100원

영암리 해변

아침 일찍 해송농장 손명식(61) 여사의 배려인 맛있는 된장찌개로 든든히 배를 채우고 길을 나선다. 해변따라 이어진 이면도로를 품은 양포항이 제법 포근하다. 오류해수욕장을 지나 송대말 등대에 이른다. 하얀 송대말 등대를 송림이 감싸고 있고 이곳에서 바라보는 감포항 풍경이 아름답다. 감포항 인근 식당에서 가자미찌개로 점심 후 문무왕 수중릉이 있는 봉길해수욕장으로 향한다.

봉길해수욕장에 못미처 길가에 이견대(利見坮)가 있다. 삼국유사에는 신문왕이 아버지 문무왕을 위해 감은사를 창건하고 법당에서 동해로 이어진 신라 동해구를 만들어 대나무로 만든 피리 만파식적을 보물로 삼았다고 한다. 이견대 앞을 흐르는 내(川)가 대종천으로 고려 고종 때 황

이견정

룡사 대종을 몽고군이 이곳 앞바다에 수장시켜 가져가지 못했다 한다. 죽어서 용이 되어 바다를 지키겠다는 문무왕의 수중릉이 이채롭다. 천년 고도 신라의 외곽 바닷가에 수중릉이 되어 호국 영령인 용으로 나타난 곳이 이견대라고 한다.

수중릉이 있는 봉길해수욕장에서 나아해변으로 가는 길에 봉길터널(2,430m)이 있다. 동해 해파랑길에서 만난 첫 터널이다. 물론 월성 원자력을 바라보며 넘어가는 산복도로도 있지만 날이 더워 터널을 통과하기로 한다. 오랜만에 경광봉을 켜고 차량진행방향을 정면으로 마주 보고 왼쪽 비상 둑을 걷는다. 다행히 차량통행이 많지 않다. 나아해변에 이르러 다시 경주로 가서 서울로 귀경길이다.

감포항 통발

034일차   14.6.30.(월)

경주시 양남면 나아해변 ~ 울산시 동구 주전동 주전몽돌해변

주상절리대를 두 눈에 가득 담고

▷ 들머리	나아해변			
1구간	13:40~15:00	6·25 참전유공자 명예선장비	5.2km	80분
2	15:20~17:00	강동화암 주상절리	6.4km	100분
3	17:10~18:10	판지마을 입구	3.8km	60분
4	18:20~19:50	주전동 산 1-1	6.1km	90분
▷ 날머리	20:30~20:40	주전몽돌해변	0.7km	10분
▷ 합계			22.2km	340분

▷ 숙소   솔비치펜션(052 252 6555)

▷ 볼거리   월성 원자력 홍보관, 양남 주상절리, 율천항

▷ 비용   잔치국수, 오뎅 5500/돼지국밥 6,000원/빵·우유 5,000원/신문(2) 1,500원/해물칼국수 6,000원/팥빙수 2,000원/ 땅콩 3,500/냉커피(3) 6,000원/솔비치펜션 40,000원/기타 1,500원/동서울-경주 21,100원/計 98,100원

부채꼴 주상절리

누워있는 주상절리

지난 일주일간 삼성병원 신장내과, 안과, 심장내과, 당뇨센터 등 4개 과에서 3개월 간격으로 검사받은 진료결과를 보니 몸이 썩 좋아졌다. 특히 당뇨센터의 진료 결과 당화혈색소가 5.9로 떨어져 아주 만족이다. 오늘 아침 07시 경주행 버스에 올라 이번 주 동해안 고성−부산 오륙 공원 도보종주를 마무리하고자 한다.

경주 나아해변에서 울산 동구 주전몽돌해변까지의 해안길은 주상절리가 다양하게 분포되어있다. 누워있는 주상절리, 위로 솟은 주상절리, 부채꼴 주상절리 등이 다양하게 형성되어 장관을 이룬다. 주상절리는 지하 마그마에서 분출한 1,000℃ 이상의 용암이 지표면의 차가운 공기와 접촉, 빠르게 냉각 하면서 육각형, 오각형 부채꼴 등 수직, 수평 형태로 굳어진 것이다. 이런 주상절리가 아름다운 양남주상절리대, 강동화암주상절리대, 읍천주상절리대를 이루었고, 최고의 경관을 만들어 주었다.

정자항

덩사항 해양레포시항원

035일차   14.7.1.(화)

울산광역시 동구 주전동 주전몽돌해변 ~ 울산 남구 야음장생포동 주민센터

공업도시 울산의 허파 – 대왕암 공원

▷ 들머리	주전몽돌해변			
1구간	05:40–06:50	신광그린파크	5.2km	70분
2	07:10–08:40	대왕암 공원	6.3km	90분
3	08:50–09:40	공원 일주	1.8km	50분
4	09:50–11:30	염포동 성내삼거리	6.7km	100분
5	11:40–13:00	명촌대교 북단	5.1km	80분
6	13:10–15:30	장생포 고래박물관	8.0km	140분
▷ 날머리	15:40–17:00	남구 야음동 369–25	5.3km	80분
▷ 합계			38.4km	610분

▷ 숙소   청학장여관(052 275 1915) 울산 남구 야음동 369–25

▷ 볼거리   울기등대. 장생포 고래박물관

▷ 비용   조식 빵·우유 5,000원/중식 라면 3,000원/석식 김치찌개. 소주 13,000원/냉커피(3) 3,000
         원/여관비 20,000원/計 44,000원

대왕암공원

주전몽돌해안을 벗어나 울산 시내로
들어오면 또 한번 터널을 만난다. '보행
자 출입금지'를 무시하고(뒤돌아 갈 수 없
기에) 경광봉을 켜 들고 마성터널로 들어선
다. 총 길이 877m, 시원하지만 화물차 때문에
매연이 심하다. 울산지역 근로자 복면맨(?) 오토바이 부
대도 쉴 새 없이 지나간다. 드디어 현대중공업을 지나 일산해수
욕장을 끼고 울산 유일(?)의 청정지역 대왕암공원에 다
다른다. 울기등대는 1906년 콘크리트 구조물로 지
어져 선박들을 방어진항으로 유도하는 항로표지
로 사용되고 있어서 조선 말기의 건축술을 엿
볼 수 있다. 주변의 15,000여 그루 소나무 숲은
러·일 전쟁 이후 일본군이 주둔하면서 조성된
것이라 한다.

울기등대

방어진항

방어진항

청량한 바람, 송림의 조화 속에 운무 자욱한 아침, 등대 주변 바다가 신비롭다. 제법 번화한 태화강역 주변을 지나 고래박물관에 이르니 꽤 잘 꾸며져 있다. 그러나 울산 전체를 뒤덮는 매캐한 내음은 공업, 화학단지의 필요악일까? 빨리 울산을 벗어나고 싶다.

장생포 고래박물관

036일차　14.7.2.(수)

울산광역시 울산 남구 야음장생포동 주민센터 ~ 부산광역시 기장군 일광면 신평리 칠암항

처용가 처용암의 설화

▷ 들머리	야음장생포동 주민센터			
1구간	06:00–07:30	처용암	6.6km	90분
2	07:40–09:40	고려아연 사거리	7.6km	120분
3	09:50–11:20	명선교	6.0km	90분
4	11:40–12:40	대송리삼거리(간절곶삼거리)	4.2km	60분
5	13:30–15:50	월내초교	8.6km	140분
▷ 날머리	16:00–17:30	칠암항	5.5km	90분
	17:45–18:00	신평–일광		(시내버스)
▷ 합계			38.5km	590분

▷ 숙소　에메랄드모텔(051 723 2822) (일광)

▷ 볼거리　처용암. 강양마을. 명선교. 진하해수욕장. 칠암 장어구이마을

▷ 비용　조식 3,000원/중식 7,000원/버스 1300/커피(3) 3,500원/치맥 11,000원/모텔 30,000원/計 55,800원

오늘 일찍 울산, 온산공단 지구를 벗어나
고자 서둘러 처용암으로 향했다. 신라
49대 현강왕 시절 용이 나타난 울산
남구 황성동 세죽마을 바닷가, 86평
규모의 바위섬이 있고 1㎞ 북쪽에 개
운교 다리 인근에 개운포 성지가 있다.
삼국유사에 나오는 '처용가' 향가가 생각난

처용암

다. 신라 헌강왕이 개운포에서 놀 때 운무가 앞
을 가려 앞을 볼 수 없게 되자 세죽마을 해변에 방해사를 세우고 용을
위로했다고 하고 용왕의 일곱 왕자 중 한 명이 바위에서 나왔기에 그 바
위를 처용암이라 했다. 울산시에서는 매년 10월, 이곳에서 처용문화제
를 열고 있다. 온산화학공단을 벗어나니 비로소 공기가 청량하다. 이틀
동안 너무 고생(?)했다.

강양마을 바닷가와 진하해수욕장을 잇는 145m 명선교가 무척 예쁘
다. 특이하게 양쪽에 엘리베이터 주탑이 있어서 노약자가 보행할 수 있
게 해두었다. 야경이 정말 아름답다고 소문났다. 서생, 고리, 월내 지역
에는 숙박시설 1곳도 없는 정말 특이한 동네이며 그나마 민박집이 있는

명선교

나사항

임랑 지역은 환경이 너무 열악하다.

　할 수 없이 기장군 3번 버스를 타고 5㎞ 떨어진 일광 에메랄드모텔에

여장을 풀고 근처 호프집 '비비큐 펀앤정'에서 치맥으로 노독을 풀었다.

037일차　14.7.3.(목)

부산광역시 기장군 일광면 신평소공원 ~ 부산광역시 해운대구 송정동 297-40 송정해수욕장

해동 제1의 관음성지, 용궁사

▷ 들머리	신평소공원			
1구간	07:20-08:30	강송교	4.8km	70분
2	08:40-09:10	기장경찰서	1.7km	30분
3	09:30-10:30	기장실버타운	3.8km	60분
4	10:50-12:10	광진활어횟집	4.8km	80분
5	13:30-14:50	해동용궁사	5.2km	80분
▷ 날머리	16:00-16:50	송정해수욕장	3.1km	50분
▷ 합계			23.4km	370분

▷ 숙소　V모텔(송정동 206-18, 051 701 0081)

▷ 볼거리　일광해수욕장, 대변항, 해동용궁사, 송정해수욕장

▷ 비용　조식 3,000원/중식 소주 24,000원/과일주스(2) 6,000원/냉커피(2) 3,000원/모텔 35,000 원/計 71,000원

난계 오영수 갯마을 문학비

孤山尹善道先生詩碑

고산 윤선도 선생 시비

일광 해수욕장

기장군청

기장항

아침 기장군 3번 마을버스를 타고 신평마을 일광부동산 앞 버스 정류소로 다시 되돌아와서 보슬비를 맞으며 걷기 시작한다. 또다시 31번 국도와 해변가 마을을 숨바꼭질하며 나아가다 이천리 한국유리 부산공장을 지나 일광해수욕장에 다다른다. 해수욕장은 이틀 전 7월 1일 개장하여 아주 깨끗하게 단장되어 있다. 기장군청을 지나 죽성마을 해안도로를 끼고 대변항에서 멸치찌개에 점심을 먹고 연화리 젓병등대와 장승등대를 멀리서 조망하며 해동용궁사로….

1,376년 공민왕의 왕사인 나옹 선사가 창건한 절로 해동 제1의 관음성지라 할 만하다. 바닷가 절벽에 자리한 수상 법당으로, 요즈음엔 중국 관광객이 엄청나게 몰려드는 곳이다. 경내에 포대화상, 해수 관음대불 등이 볼만하다. 용궁사를 지나 송정해수욕장으로 접어드니 카페촌, 음식점이 이중 삼중으로 도로망에 가득하다. 40년 전 동해 남부선으로 해운대 달맞이 고개를 지나면서 보았던 송림 가득한 한적한 바닷가를 머릿속에 떠올리는 단상은 무리일까?

송정해수욕장에는 33년 전부터 만남이 이어진 직장 후배 부부 이택환

해동용궁사

님, 고영란 님이 달려와 반갑게 맞아준다. 그리고 체력보강 하라고 장어구이를 실컷 먹게 해준다. 불감청이언정 고소원이다. 옛날 70년대 송정은 추억이 많은 해수욕장이다. 지금은 청사포 언덕을 넘어 버스길이 번잡하지만 그 당시는 하루 3~4회 동해 남부선 열차만

이택환, 고영란 님고

다녔던 시절이라 연인끼리 부산에서 송정해수욕장을 찾으면 못된(?) 남친들은 마지막 부산행 열차를 타지 않으려고 무던히도 노력했다고 한다. 나옹선사의 선시(禪詩)와 함께 송정해수욕장의 밤은 깊어만 간다. 해안으로 떠오른 반달이 날씨가 흐린 탓인지 무척 낭만적이다.

청 산 혜 요
青 山 兮 要

나옹선사(懶翁禪師)

청산은 나를 보고 　　　 말없이 살라하고
青 山 兮 要 　　　　　　 我 以 無 語

창공은 나를 보고 　　　 티 없이 살라하네
蒼 空 兮 要 　　　　　　 我 以 無 垢

사랑도 벗어놓고 　　　　 미움도 벗어놓고
聊 無 愛 而 　　　　　　 無 憎 兮

물같이 바람같이 　　　　 살다가 가라하네
如 水 如 風 　　　　　　 而 終 我

038일차   14.7.4.(금)

부산시 해운대구 송정해수욕장 ~ 부산 남구 용호동 산 196-1 오륙도해맞이공원

압권의 해맞이공원과 동해길 완주

▷ 들머리	송정해수욕장			
1구간	07:30-09:30	글로리 콘도	6.0km	120분
2	09:40-10:10	누리마루	1.8km	30분
3	10:20-12:20	광안리해변	6.1km	120분
4	12:30-13:30	이기대공원 입구	3.5km	60분
▷ 날머리	13:50-16:00	오륙도해맞이공원	4.8km	130분
	20:20-24:40	노포동-성남 고속버스		(고속버스)
▷ 합계			22.2km	460분
▷ 숙소	서울 자택			
	〈미포-송정역(4.3km) 시민공원화운동〉			
▷ 비용	조식 선지국밥 5,000원/냉커피(3) 3,000원/과일주스 4,000원/노포동-성남 33,800원/計 45,800원			

송정해수욕장

오륙도 해맞이공원

송정 해수욕장

오늘은 동해안 해파랑길 마지막 날 오륙도해맞이공원(부산기점) 21일차 코스이다. 해파랑길은 770㎞로 알려져 있으나 내가 걸어온 길은 626㎞로 144㎞ 정도 차이가 난다. 이는 5-9 코스(진하-태화강) 11-12코스(나아-감포) 20-21코스(강구-영덕) 22코스(괴시리) 34코스(묵호역-옥계시장) 37-40코스(안인-사천진) 50코스(통일안보공원-통일전망대 11.7㎞) 등 둘러가는 길을 조금 단축하고, 시작점인 1코스에서 출발하지 않고 49코스에서 1코스로 역방향으로 걷다 보니 안내판이 없는 곳도 많아 네이버 지도로 갈 수밖에 없었다. 이런 탓에 약 144㎞ 짧아졌다고 본

송정 철길

미포 할매복국

해운대 해수욕장

광안리 해수욕장

수영만·광안대교

이기대 공원

오륙도

다. 그러나 국토 가장자리 둘레길을 도보
종주하겠다는 내 의도와는 크게 달라지지
않았다.

오륙도 공원에서 고석만 님과

 마지막 해파랑길 1코스 미포-오륙도 구
간은 해맞이공원 코스가 압권이다. 특히
동생말에서 해맞이 오륙도공원 구간 4.8
㎞는 절벽 나무 데크 계단과 잔교로 이어
진 롤러코스터 워킹코스이다. 절벽해안길
이 최고의 볼거리를 제공한다. 또 미포에서 송정으로 이어지는 해파랑길
2코스보다 송정-미포간 철길(지금은 동해남부선 폐선구간)이 걷기에 재
미를 더한다. 부산시가 레일바이크 등 상업적으로 이용하지 말고 시민공
원으로 돌려주는 지혜가 아쉽다. 오륙도공원으로 선배 고석만 님이 마
중 나왔다. 그리고 칠암바닷가로 싱싱한 회 잔치! 고마운 형님이다.

 이제 DMZ길 17일간 416㎞, 동해길 21일간 626㎞ 총 38일 1,042㎞를
종주 마감하고, 다시 남해길, 서해길 도전 의지를 불태워 본다!

제 3 부

남해 섬돌이길

- 47일 1,374km

2014.10.05~2015.1.1

1,374km÷47일=29.2km(일 평균)

비용 2,538,150원÷47일=54,000원(일 평균)

039일차　**14.10.05.(일)**

오륙도공원 ~ CJ대한통운 부산 컨테이너 터미널

47일 1,400km 도전의 시작

▷ 들머리	오륙도공원			
▷ 경유	16:00–16:20	신선대 유원지 입구	1.4km	20분
▷ 날머리	16:30–17:40	감만동 521–1 부산항대교 입구	4.3km	70분
▷ 합계			5.7km	90분
▷ 숙소	드림모텔(051 413 5544, 대교동 2가 32–1)			
▷ 볼거리	오륙도해맞이공원, 절영해안산책로, 태종대, 영도대교, 부산항대교			
▷ 비용	신문 땅콩 4,500원/점심 3,700원/석식 꼼장어/간식 7,000원/모텔 30,000원/고속버스 34,300/計 79,500원			

오륙도 공원

　제3차 남해안 섬돌이 도보여행, 도전의 시작이다. 1차 DMZ 도로 17일 간 416㎞, 2차 동해 고성 통일전망대에서 부산 오륙도공원까지 21일간 626㎞에 이어, 3차 남해안길은 오륙도공원에서 목포까지 약 1,400㎞를 47일에 걸쳐 완주할 예정이다. 이번 남해 섬 일주 여정은 우리나라 10대 섬에 해당하는 거제도, 남해도, 돌산도, 거금도, 완도, 진도 등과 그 섬에 연육교로 연결된 부속섬까지 돌아볼 예정이다.

　서울 출발, 부산에 일찍 도착하여 마땅한 숙소가 없어 영도 대교동 드림모텔에 여장을 풀고 주변에서 고석만 선배와 함께 꼼장어에 소주 한잔! 부산항대교는 도보통행이 불가하므로 선배 승용차로 대교동 2가 32-1까지 10㎞ 이동하다.

　부산항대교는 길이 3.33㎞로 2014년 5월 14일 개통된 부산 북항 배후도로인데 남구 감만동과 영도구 청학동을 연결하고 있어 송도-남항대교-영도-부산항대교-광안대교-해운대를 잇는 부산항만 배후도로의 환상적인 섬 연결도로 역할이 기대된다.

신선대　　부산항 대교

040일차 **14.10.06.(월)**

대교동 2가 32-1 ~ 다대포항

신선 놀던 신선대, 신라 태종이 활 쏘던 태종대

▷ 들머리		대교동 2가 드림모텔		
1구간	07:30~08:40	해양경찰서	4.6km	70분
2	08:50~09:30	태종대 입구	2.5km	40분
3	09:40~10:50	태종대 일주	4.2km	70분
4	11:00~11:30	목촌돼지국밥(051 403 8588)	1.5km	30분
5	12:10~14:00	송도해수욕장	6.9km	110분
6	14:10~15:00	암남공원	2.8km	50분
7	15:30~16:20	감천초교	3.1km	50분
▷ 날머리	16:30~18:20	다대포항	6.4km	110분
▷ 합계			32km	530분

▷ 숙소 시드니모텔(다대동 851-1, 051 261 0600)

▷ 볼거리 태종대, 송도, 자갈치시장

▷ 비용 조식 추어탕 4,000원/음료수 1,000원/중식 목촌돼지국밥 7,000원/석식 6,000원(장어탕)/간식 8,000원/모텔 30,000/計 56,000원

동삼동

아침 일찍 수레(캠핑장비)를 끌고 군데군데 공사 중인 태종대로 향했다. 공사 중 흙먼지 속에 도로 따라가려니 더욱 힘들다. 그런데 태종대에 도착하니 평일이라 일주도로가 더없이 맑고 깨끗하다. 태종대는 신라 태종 무열왕이 활을 쏘던 곳이라 이름 지어졌고 2005년 국가지정 명승 17호로 지정되었으며 입장료는 없다.

울창한 숲, 기암괴석으로 이루어진 해식절벽과 우거진 해송 사이로 비

태종대

남항대교

치는 푸른 바다가 가히 절경이다. 신선이 놀았다 하여 신선대로 불리기
도 한다. 오륙도가 가까이 보이고 일본 대마도가 불과 56㎞ 거리여서 맑
은 날엔 희미하게 보인다. 길이 2,432m 남항대교를 지나 송도 앞바다에
이르니 옛날 거북섬과 출렁다리는 없어지고 그 자리에 고래 머리와 꼬리
형상이 해수욕장에서 조망된다.

　송도 뒤안길을 돌아 오 육십년 전 선친을 따라서 낚시 다녔던 송도 혈
청소(국립동물검역소) 길을 걷는다. 그 끝자락이 암남공원이다.
　　　피곤한 다리를 이끌고 차량통행 빈번한 좁은 이차선 도
　　　로와 지하철 공사 중인 다대항에 도착! 하루 여행을
　　　마무리한다.

송도 해수욕장

다대포 해수욕장

041일차　14.10.07.(화)

다대동 851-1 ~ 거제시 옥포1동 아주파크호텔

거가대교를 넘어 거제도로

▷ 들머리	다대포항			
1구간	09:30-09:50	다대포해수욕장	1.4km	20분
2	10:00-11:30	신평동 교차로	6.1km	90분
3	11:50-12:20	을숙도문화회관	2.3km	30분
4	12:40-14:20	신호대교	6.5km	100분
5	14:40-16:00	부산 진해 경제자유구역청	5.5km	80분
▷ 날머리	16:30-17:10	거제 옥포중앙시장	(37.0)km	버스
▷ 합계			21.8km	320분

▷ 숙소　　아주파크호텔(055 687 5773)

▷ 비용　　된장찌개 5,000원/빵·우유 2100/경제구역청(송정동)-거제옥도 버스 4,500원/커피 3,000원/소주 3,000원/선지국밥 6,000원/아주파크호텔 40,000원/計 63,600원

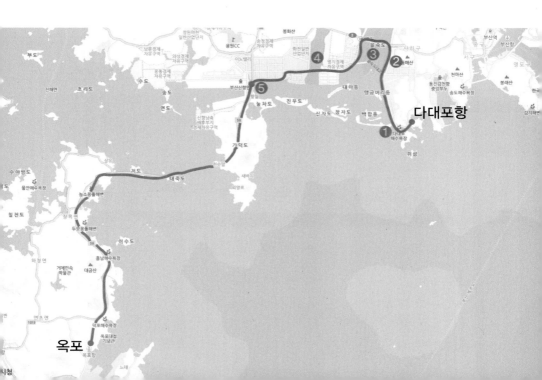

다대포항

아침에 다대동 우체국에서 캠핑 장비를 서울로 택배 처리하고 나니 무척 아쉽다. 몸 상태와 여행 여건이 나에겐 아직 무리라는 생각이 든다. 다대포 해수욕장의 상쾌한 아침 공기가 해풍에 밀려와 짭조름하게 느껴진다. 낙동강 하굿둑을 걸어 을숙도로 향한다. 부산 갈맷길 4코스 몰운대-낙동강 하구 코스인데 해안길, 숲길, 강변길을 모두 지나간다. 을숙도 강둑으로 부는 바람이 무척 상쾌하다. 을숙(乙淑)이란 1910년대 형성된 삼각주로 일본식 한자 표현으로 '멋있다'라는 뜻(?)이란다.

낙동강 하굿둑

거가대교 직전에 명지동 삼성자동차 맞은
편 신호공단과 바닷가 쪽에 소나무, 아카시
아, 동백, 단풍나무 숲이 어우러진 신호공원
이 조성되니 그 사이에 자전거 도로가 시원
하다. 거가대교를 건너 거제도에 들어선다.
남해안 여행 화두에 육지 테두리와 섬 테두
리를 놓고 고민하다가 다리로 연결된 섬은
차량을 이용하기로 결정, 거가대교를 급행버
스로 건넜다.

이제부터 10대 섬을 일주하는 도보여행이
다. 거가대교는 부산과 거제를 잇는 8.2㎞

의 다리로 가덕도-대죽도-중죽도-저도를 통과하는
데 해상사장교와 침매해저터널은(최고 수심 48m)
2010년 12월 개통되었다.

거제 옥포시장까지 도보가 허용되지 않는 거
가대교, 가덕도를 건너뛴다. 어차피 거제도는
순환 일주할 계획이니까 옥포시장 입구에서 아
주파크에 여장을 풀었다.

거가대교 해저터널

042일차   14.10.08.(수)

옥포1동 아주파크호텔 ~ 동부면 학동 몽돌해변

개도 5만 원권을 물고 다닌다는 거제

▷ 들머리	옥포1동 534-3			
1구간	07:00~07:40	아주동 주민센터 입구	3.6km	40분
2	08:10~09:30	능포동 480	6.7km	80분
3	09:40~10:40	장승포 연안여객선터미널	5.3km	60분
4	10:50~12:00	지세포 보건지소	5.7km	70분
5	12:10~13:10	구조라 항	4.6km	60분
6	13:20~14:20	망치해변	4.1km	60분
▷ 날머리	15:00~16:00	몽돌해변	3.5km	60분
▷ 합계			33.5km	430분

▷ 숙소   해녀장모텔(055·636 7733)

▷ 볼거리   외도, 지심도(꼭!), 공고지

▷ 비용   조식 일마식당(055 681 8384) 시래기국밥 4,000원/중식 짬뽕밥 6,000원/간식 식혜 1,000
원/석식 회정식. 소주 19,000원/민박 30,000원/計 60,000원

대우조선 출근 트레일러

아침 7:00 거대한 옥포 대우조선해양을 따라 옥포도로를 걷는다. 무수한 자전거, 오토바이 출근행렬… 약 4㎞ 못 미쳐 이주동 함바집에서 시래기국밥을 먹는다. 대우조선 출근 직원도 20명 넘게 먹고 있다. 시래기 된장국이 아주 입맛에 딱이다. 식사 후 대우병원까지 바닷가길 따라 약 6㎞ 넘게 대우조선해양 간판을 끼고 돈 것 같다. 대한민국의 힘! 전자, 통신, 조선, 자동차, 화학 영원하길 빈다. 이 조선소로 인해 거제도 옥포 강아지도 5만 원짜리를 물고 다닌다고 할 정도로 조선 산업은 거제도에 절대적이다. 대한민국 에서 물가가 가장 비싼 곳… 울산, 거제 옥포라 한다. 매 달 받는 국민연금을 화 수분으로 삼는 도보여행객은 이 물가 비싼 곳에서 빨리 벗어야 할 듯싶다.

대우조선 출근 주차 오토바이

코스: 장승포 ↔ 외도 ↔ 해금강 (영복세권)

요 금: 대인: 17,000원 소인: 10,000원
(12세이상) (24개월~12세까지)

활중요금: 토,일,공휴일,특별수송기간(7월21일~8월31일까지)
활중요금2,000원이 적용됩니다.

출 ← 구

장승포 연안 여객선 터미널

망치마을 장승

망치해변에서 학동 몽돌해안에 이르는 고갯길이 약 1시간 동안 계속 오르막길이다. 조용히 학동 몽돌해변에서 잠시 낚시 여유를 부리니 보리 멸이 걸린다! 해녀장모텔과 함께 가족이 운영하는 해녀장횟집은 주인이 무척 친절하다.

구조라 해안

043일차　14.10.09.(목)

동부면 학동리 해녀횟집 ~ 가배 장사도 유람선 선착장

거제도 물가에 놀라고 인심에 취하고

▷ 들머리	학동 몽돌해변			
1구간	06:00~07:40	해금강 유람선 선착장	7.6km	100분
2	08:30~11:10	다포리 여차 몽돌해변	9.7km	160분
3	11:10~12:20	저구항 명사 해수욕장	4.7km	70분
4	13:00~15:00	탑포사거리	8.2km	120분
▷ 날머리	15:10~16:10	가배 장사도 유람선 선착장	4.2km	60분
▷ 합계			34.4km	510분

▷ 숙소　　사등면 대리2길 36-11 권순철 님 댁

▷ 볼거리　여차~홍포 둘레길, 장사도 매물도

▷ 비용　　부산횟집 해물된장구이 12,000원/몽돌 블루베리 5,000원/돼지국밥 7,000원/고현장어구이
　　　　　98,000원(4人)/숙박 30,000원/計 152,000원

거제 해금강

　아침 일찍 거제도 최고 비경 해금강과 여차몽돌해안을 보기 위해 출발. 왼편으로 바다를 끼고 빠른 걸음 한다. 갈곶리 해금강 유람선 선착장엔 아침부터 관광객을 실은 버스 10여 대가 주차하고 있다. 해물된장, 2마리 생선구이가 참 비싸다. 역시 전국 최고의 물가(특히 숙박비, 음식값)다. 거제도의 자성과 노력이 필요해 보인다.

　숨은 비경 여차몽돌을 보고 비포장길을 따라 홍포전망대(병대도 전망대)에서 홍포마을 명사해수욕장, 저구선착장으로 가는 길에 보니 아뿔싸 14.6.20~15.2.6일까지 공사중 통행금지란다. 결국 여차몽돌해변에서

여차 몽돌해변

홍포마을까지는 걷기를 생략(다포-여차-홍포-저구-다포삼거리로 이어지는 순환코스가 12㎞ 정도)한다. 다음을 기약하고 여차 언덕배기 카페에서 블루베리 한잔하여 대병대도와 소병대도를 조망한다.

명사 해수욕장

또 걷는다. 힘든 고개 넘어 저구항으로. 점심은 저구항 돼지국밥이 맛과 친절은 글쎄인데 값은 제대로 받는다. 가배 장사도 유람선 선착장에서 숙소를 찾아본다. 가배식당도 민박 방이 만원사례! 함박금 쪽으로 걷다가 지나가는 승용차 히치하이크… 약 10대 지나치고 젊은 친구 둘이 탄 승용차가 멈춘다. 나를 태워준 양경삼(36세, 삼성중공업)과 정진욱(32세, 삼성중공업)과 얘기 나눈다. 무척 친절하고 싹수 있는 젊은이들이다. 함박마을, 청마들꽃축제도 구경시켜준다. 그리고 누님 시골집을 숙소로 제공해준다. 이런 친구가 어디 있을까? 저녁식사는 양경삼과 친구 두 명에게 장어구이로 고마움을 표한다.

가배항 장사도 유람선 선착장

양경삼 님과 함께

044일차　14.10.10.(금)

가배선착장 ~ 둔덕면사무소

우연과 인연, 여행의 재미

▷ 들머리	가배선착장			
1구간	09:40–10:00	함박금골	1.5km	20분
2	10:00–11:30	동부면사무소 삼거리	7.0km	90분
3	11:40–12:40	서정리 스포츠파크	4.6km	60분
4	12:50–15:00	산달도선착장	8.3km	130분
5	15:10–16:30	어구리 한산도관광선착장	5.5km	80분
▷ 날머리	16:40–17:20	둔덕면사무소	2.8km	40분
▷ 합계			29.7km	420분
▷ 숙소	강 작가 자택			
▷ 볼거리	산달도, 한산도, 함박금 마을			
▷ 비용	사곡 마산할매곰탕 8,000원/커피 2,000원/물회 38,000원/計 48,000원			

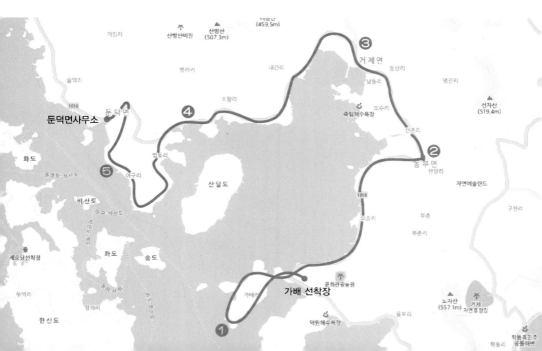

대리마을

어제 젊은이 3인과 대작하고 아침 일찍 대리마을 권순철(55세 수협근무) 님 댁을 나선다. 양경삼 님과 처남 매부지간인데 우애도 돈독하다. 사곡삼거리 마산할매곰탕집에서 곰탕 한 그릇… 참 맛있다. 여행의 재미가 볼거리, 먹거리, 뜻하지 않은 소소한 사건 등이 아니겠나? 그런데 사곡삼거리에서 가배 가는 버스를 잘못 타서 동부면사무소에 내린다. 할수 없이 또 히치하이킹! 어제에 이어 오늘 아침에도 연이어 쉽게 차를 얻어 탄다. 이번에는 45세 사진작가 강OO 님(본인의 사양으로 실명 미공개)이다. 그렇게 해서 가배에서 늦게나마 걷기 시작한다.

서정리 스포츠파크는 2011년 준공된 약 10만㎡ 규모의 종합체육시설로 거제도민을 위한 훌륭한 시설이며 외지인의 혹한기 훈련시설로도 활용된다.

고당에서 산달도가 보인다. 참 섬 이름이 이채롭다. 한산도와 거제 내해 속에 위치한 산달도는 세 봉우리가 있는데 그 사이로 달이 떠 삼달이라 부르다가 산달도가 되었다고 한다. 산전, 산후, 실라라는 이름의 3개 마을이 있는 산

굴껍질 무더기

산달도 풍경

달도는 240여명의 주민이 주로 굴양식을 하고 있다. 특이한 마을 이름을 내 나름대로 해석하면 임산부의 산전, 산후, 조리에 얽힌 전설(?)이 있는 섬이 아닐까?(조리가 실리로 바뀜…?) 시간 나면 산달도 들꽃 길을 걸어 보고 싶다!

　둔덕면 방죽에 물 빠진 굴 양식장이 주렁주렁 패각 말뚝을 드러내고 있다. 또 숙소를 알아보려는데 강 작가께서 자택을 제공해준다. 보답으로 거제장평거북횟집(053 638 0033)에서 물회에 소주 한잔! 오늘 하루가 즐겁다.

둔덕면 굴 양식장

청마고향시비

045일차 **10.11.(토)**

둔덕면사무소 ~ 고현시외버스터미널

청마들꽃축제와 들꽃의 장관

▷ 들머리	둔덕면사무소			
1구간	08:30–09:20	술역리 620	3.0km	50분
2	09:30–10:30	거제대교	4.0km	60분
3	10:40–12:30	사등면사무소	7.0km	110분
4	13:30–13:40	가조 연륙교	0.6km	10분
5	14:00–15:10	사등농협 사곡지점	4.7km	70분
▷ 날머리	15:20–17:00	고현시외버스터미널	5.9km	100분
	(19:00–23:20)	남부시외버스터미널		
▷ 합계			25.2km	400분
▷ 숙소	서울 자택			
▷ 볼거리	산방산 비원, 가조 연륙교, 계도 어촌체험마을			
▷ 비용	중식 성포장어탕 8,000원/오뎅 3,000원/커피 2,000원/석식 낙지볶음 7,000원/고현–서울 남부 고속버스(우등) 34,200원/計 54,200원			

　아침 7시 강 작가 댁에서 미역국 조반을
대접받고 승용차로 둔덕면사무소까지
데려다준다. 고마움을 표시하고 예정
에 없던 청마 유치환 생가를 다녀왔다.
마침 청마들꽃축제(10.8.~10.14.) 기
간이라 산방산 아래 둔덕면 방하마을은
45,000여 평의 전답에 코스모스, 해바라기
등 들꽃 세상이다. 거제시에서 보상해주고 주민은 농
사 대신 들꽃축제를 여는 데 그 모습이 장관이다.

청마들꽃축제

　둔덕에서 태어난 문단의 두 거성 동랑 유치진 선생과 청마 유치환 선생
형제분이 새삼 그립다.

　"저 푸른 해원을 향하여 흔드는 영원한 노스탤지어의 손수건" 처럼….

추수를 앞두고

가조 연륙교

둔덕면사무소를 출발해 통영만을 바라보며 때마침 태풍 '봉퐁'의 영향이 시작되는지 하얀 파도가 제법이다. 한려수도! 비릿한 바다 내음이 폐부에 시리고 점점이 그려진 유인도, 무인도의 군상들이 알알이 뇌리에 새겨진다. 수많은 문인들이 태어난 예향이고 굴, 바지락, 멍게 등 해산물로 부자동네를 이룬 곳. 지금은 삼성중공업, 대우조선 등 관련 기업으로 활기찬 대도시를 닮은 섬이다. 거제 고현에서 잠시 태풍 봉퐁을 피해서 서울로 향한다.

성포해안

고현항

046일차   14.10.14.(화)

고현시외버스터미널 ~ 장목면 몽돌 해수욕장

칠천량의 슬픈 역사

▷ 들머리	고현시외버스터미널			
1구간	07:00–08:40	한내리 보건진료소	6.7km	100분
2	09:00–10:10	덕곡교회 입구	4.3km	70분
3	10:20–12:30	칠천도 자연산 횟집	7.5km	130분
4	13:30–14:00	칠천량 해전공원	1.9km	30분
▷ 날머리	14:30–17:00	농소 몽돌해수욕장	8.7km	150분
▷ 합계			29.1km	480분

▷ 숙소   지리산민박(055 636 0850)

▷ 볼거리   칠천도 해전공원 전시관/맹종죽테마파크(하청면 실전리 880)

▷ 비용   10/13 서울남부–고현 34,200원/석식 된장찌개 8,000원/고현사론모텔 35,000원/소계 77,200원 // 10/14 조식 라면 1,000원/냉커피(2) 3,000원/간식 5,000원/중식 생선찌개 10,000원/소주 3,000원/석식 매운탕 7,000원/민박 30,000원/소계 59,000원 // 總計 136,200원

태풍 '봉퐁'을 피해 서울로 와 2일간 휴식, 월요일 13시 남부터미널 출발, 17시 20분 거제 고현에 도착. 바로 터미널 옆에 위치한 샤론모텔에 투숙. 주인이 등산 애호가라 거제의 망산(397m), 왕조산(413m), 가라산(585m), 노자산(565m), 대금산(438m) 등을 소개한다. 태풍 봉퐁이 지나간 후 화요일 아침, 무척 쌀쌀하다.

연초면 한내리의 삼성중공업 조선소 부지 10만여 평이 인근 앵산(513m)과 진해만 괭이바다 사이에 자리하고 있다. 칠천도 바닷가가 왠지 슬프다. 1597년 칠천량 바다에서 원균, 이억기 등이 이끄는 조선 수군이 거북선 3척, 판옥선 150여 척을 침몰당하며 패전의 역사가 기록된 곳에 칠천량 해전공원 전시관을 세웠다. 거제

한내리 모감주나무

칠천량 바다

본섬 다음으로 큰 섬인데 중앙에 옥녀봉(233m)이 자리하고 2000년에 연륙교가 설치되었다. 옛 고려 시대에는 가조도와 함께 말 목장으로 이용되었다.

거제도의 북동쪽 구영리 쪽은 숙소가 없어서 농소 몽돌해수욕장을 낚시꾼에게 소개받고 장목에서 관포를 거쳐 몽돌해수욕장에 도착하다. 몽돌해수욕장의 둥글고 작은 몽돌이 2㎞ 정도 궁농, 임호, 간곡, 농소마을에 걸쳐있다. 농소로 직행하다 내일 새벽 감시(감성돔) 낚시를 기대하며…

거가대교

농소 몽돌 해수욕장

047일차 14.10.15.(수)

농소 몽돌해수욕장 ~ 옥포항

6일로 완성한 거제 일주 185km

▷ 들머리	농소 몽돌해수욕장			
1구간	07:30–09:10	구영페리 선착장 입구	6.9km	100분
2	09:20–10:00	황포해수욕장 입구	3.1km	40분
3	10:10–11:30	장목농협	5.0km	80분
4	11:50–13:00	시방마을회관	4.4km	70분
5	13:10–14:30	대통령 생가	4.5km	80분
6	15:30–17:00	옥포대첩기념관	6.3km	90분
▷ 날머리	17:40–18:30	옥포항	3.2km	50분
▷ 합계			33.4km	510분
▷ 숙소	아주파크호텔(065 687 5773)			
▷ 볼거리	옥포대첩기념관, 드비치C.C, 유호전망대			
▷ 비용	조식 누룽지 1,500원/간식 양갱, 메로나, 커피, 우유 7,000원/중식 멍게비빔밥 12,000원/모텔 40,000원/석식 돼지국밥 7,000원/소주 3,000원/計 70,500원			

농소마을

아침 일찍 일어나 방파제에서 보리멸 몇 마리 잡아 방생하고 누룽지 죽을 끓여 먹고 길을 나서다. 거가대교 시작 부분의 거대한 다리 밑을 지나 다리로 인해 지금은 사라진 구영페리 선착장을 바라보며 지나간다. 저기도 한때는 사람들로 왁자지껄했으려나? 지금은 몇몇 낚시꾼이 찾는 곳이 되었다. 드비치 골프장은 중국 웨이하이CC를 닮은 듯, 풍광이 좋아 영호남의 골퍼들이 즐겨 찾는다고 한다.

길은 다시 오르막, 내리막을 반복하다 김영삼 전 대통령의 생가와 기념관에 다다른다. 거제시 예산 약 26억원을 들여 지었다는 점이 아쉽다. 본인의 사비로 건립했다면… 옥포대첩기념관이 칠천량 해전공원과 묘한 앙상블을 이룬다. 패전의 기록과 1592년 조선 수군 최초의 승전기념! 왜적선 26척 침몰시키고 4,000여명을 수장시켰다. 놀랍게도 우리 측은 부

대금마을

관포삼거리

상 1명이라니!(당시 왜장은 도도 다카도라) 늦게 굳어진 다리를 질질 끌고 옥포항 근처 골목식당에서 거제 일주를 마무리한다.

거제 일주 6일 차 185.3㎞, 거제 칠백리 길인데 약 100㎞가량 모자란다. 실핏줄과 같은 해안선 끝자락의 마을(예를 들면 대표적인 곳-공고지)과 가조도·칠천도처럼 거제 본섬에서 연륙교로 이어진 섬 속의 섬 둘레길을 찾지 못했다. 다음에 이번 여행에서 못 가본 내도, 외도, 지심도, 칠천도, 가조도와 산방산 비원 등 거제 내륙지와 섬들은 둘러봐야겠다.

거제도는 부자 섬이다. 거제도는 섬 아닌 섬이란 느낌이다. 섬 속에 대도시의 풍경과 고즈넉한 농촌, 어촌의 생활상이 묻어나고 관광지로 손꼽히는 곳에는 비싼 숙박비와 음식값으로 야단법석이다. 머물고 싶고, 즐기고 싶은 섬으로 만들려는 거제도의 노력이 아쉽다.

거제도는 온갖 꽃의 개화 시기가 가장 빠른 곳이다. 즉 봄의 전령사 화초군을 제주도를 제외하고 육지와 연결된 곳으로는 제일 먼저 볼 수 있는 곳이다. 1월엔 춘당매, 2월 동백꽃(지심도, 학동), 3월 진달래(대금산), 4월 수선화(공고지), 5월 튤립(외도), 6월 수국. 7월 연꽃 등으로 화려하다. 소철, 종려나무, 석란, 동란, 팔손이나무 등 아열대 식물도 잘 자란다.

거제도는 우리나라에서 두 번째로

김영삼 대통령 생가

옥포대첩 기념관

큰 섬인데 면적 378.14㎢, 인구 약 24만으로 진해만을 끼고 섬의 북쪽
에 앵산(513m), 동쪽에 옥녀봉 (555m), 남쪽에 가라산(585m), 노자산
(565m), 서쪽에 산방산(508m) 등이 있어 등산애호가들이 즐겨 찾으며
굴곡진 해안선으로 어종이 다양하여 낚시꾼의 천국이다. 남쪽, 북쪽, 동
쪽 해안은 대체로 험준한 해식애로 되어있고 서쪽은 비교적 낮은 지대로
농사, 어업이 발달했다.

  2010년 거가대교가 부산으로 이어져 부산권과 1시간대에 연결되는 섬
아닌 도시화의 물결 속에 살아가고 있다. 또 거제도는 조선공업의 산실
이라는 사실, 역사적으로 6·25 종전 시 거제도 포로수용소의 포로해방
처럼 미국의 종전계획에 휘둘리지 않는 승부수를 던진 이승만 대통령의
쾌거처럼 거제는 조선공업, 관광사업이 계속 번창하길 빌어본다.

048일차 14.10.16.(목)

오량초교 ~ 도산면사무소

바다가 호수로 보이는 리아스식 해안의 절경

▷ 들머리	오량초등학교			
1구간	07:00—08:00	삼화삼거리	4.4km	60분
2	08:10—09:40	서호시장	6.2km	90분
3	10:20—11:00	당동 해저터널 출구	2.0km	40분
4	11:10—11:40	충무교/인평초	2.6km	30분
5	11:50—13:30	평림체육공원	6.5km	100분
6	13:40—14:30	북신공원 파로스	3.0km	50분
7	14:40—16:40	광도면 죽전마을 입구	7.1km	120분
▷ 날머리	16:50—18:00	통영시 도산면사무소	4.2km	70분
▷ 합계			36km	560분

▷ 숙소 이화모텔(055 649 9117) 통영시 항남동 151-37

▷ 비용 조식 라면/중식 빵·스낵 3,000원/우유·햇반 7,000원/석식 김치찌개 10,000원/소주 4,000
원/커피 2,000원/숙박비 30,000원/計 56,000원

통영 해저터널

아침 일찍 일어나 거제소방서 정류장에서 운 좋게 통영행 타이탄 화물차 히치하이킹, 오량초등학교 도착. 7시 신거제대교를 건너 삼화삼거리에서 서호시장을 거쳐 해안도로 끝 해저터널에 다다르다. 이 해저터널은 1932년 일제 치하에 만들어진 길이 483m로 미륵도와 통영을 연결하였고, 지금은 터널 위 충무교와 새로 건설된 통영대교가 있다. 충무교를 지나 경상대 해양 과학대를 거쳐 고갯길을 지나면서 평인 노들길인 인평동, 평림동, 북신동에 이르는 리아스식 해안은 아마 최고의 절경일 것이다. 바다가 호수로 착각될 정도이니….

잘록한 개미허리처럼 통영의 동서 해안 사이 불과 3㎞ 이내에 자리하고

충무항

북신만

있는데 과연 동양의 나폴리라 불릴 만하다. 개인적으로는 통영에서 미륵
도의 달아전망대 구간과 평림—북신 해안도로가 백미라고 생각한다. 왼
쪽으로 바닷길을 끼고 죽전리, 용호리, 법송리를 지나 도산면사무소에
다다른다. 그러나 숙박시설이 없어 다시 용호리 시내버스를 타고 통영 서
호시장으로 되돌아온다.

북신공원 파로스

049일차   **14.10.17.(금)**

도산면사무소 입구 ~ 고성군 하일면 송천리 628-1

잘 정돈된 고성 탈박물관

▷ 들머리	도산면사무소			
1구간	07:00–08:10	바다휴게소	4.6km	70분
2	08:20–09:20	고성 탈박물관	4.3km	60분
3	10:30–11:30	판곡리 골프랜드	3.8km	60분
4	11:40–13:40	삼산면 사무소	7.5km	120분
5	14:00–15:00	상촌경로회관 입구	3.8km	60분
6	15:10–16:40	용태삼거리(가룡마을 입구)	5.5km	90분
▷ 날머리	16:50–18:10	송천리 628-1	4.5km	70분
▷ 합계			34km	530분

- ▷ 숙소   태양장모텔(055 673 8544)
- ▷ 볼거리   탈박물관
- ▷ 비용   조식 햇반/커피 1,500원/중식 손짜장 7,000원/숙박비 30,000원/석식 된장찌개 5,000원/計 43,500원

통영 서호시장

아침 5시 일어나 모텔방에서 햇반을 데워먹고 674번 시내버스로 도산 농협에 하차하여 걷기 시작한다. 고성으로 가는 14번 국도는 왕복 4차 선으로 보도에 가드레일이 없는 위험한 도로이다. 도보, 자전거 통행이 거의 불가능하다. 그래도 어쩔 수 없이 그 길을 택하고 신흥주유소를 지 나 고성군으로 접어든다.

고성 탈박물관은 우리나라 탈박물관 3곳(안동, 공주, 고성) 중 1곳으로 탈의 역사와 의미를 알 수 있다. 특히 고성은 신앙 탈 을 잘 살펴볼 수 있는 곳이다. 박물관장 이도열 님은 현재 고성 오광대 탈놀이 기능보유자 이다. 1988년 개관한 이 박물관은 입장료 2,000원이지만 잘 정돈된 시설과 깔끔한 설명이 높이 평가할 만하다.

고성 삼산면 바다

　뙤약볕이지만 산과 바다 들을 끼고 돌며 지루하지 않게 걷는다. 굴곡
이 심한 리아스식 해안은 굴, 가리비 양식장이 바다를 가득 메우고 있
고, 들녘엔 벼 추수가 한창이다. 송천리로 접어들자 참다래 체험마을이
들판과 바다에 어우러져 참 예쁘다. 탈박물관 앞 옛날 손짜장면 맛이
상당하다!

　고성군은 삼한시대 변한 12국 중 하나였고, 고려 현종 때 고성현이었다
가 조선조 1895년 진주부 고성군이 되었다. 임진왜란 때 당항포전투가
있었던 곳이기도 하다. 인구 6만의 군 단위 행정구역으로 진주시, 통영
시, 사천시와 접하고 있다.

고성 탈 박물관

종이탈　　　　　　나무탈　　　　　　박탈

050일차   14.10.18.(토)

고성군 하일면 송천리 628-1 ~ 사천시 서금동 144-20

군립공원 상족암과 공룡 발자국

▷ 들머리	태양장모텔			
1구간	08:30-10:00	사량도 여객터미널	5.5km	90분
2	10:10-10:40	상족암 입구	2.3km	30분
3	10:50-12:30	상족암공원-덕명삼거리	1.4km	100분
4	12:40-13:40	하이면사무소	4.0km	60분
5	14:00-14:40	남일대해수욕장	3.0km	40분
6	14:50-15:30	사천문화예술회관	3.5km	40분
7	15:30-17:30	각산산성	5.8km	120분
▷ 날머리	17:40-18:20	노산공원	2.5km	40분
▷ 합계			27.0km	520분

▷ 숙소   태양장모텔(055 835 2534) 서금동 144-20

▷ 볼거리   상족암군립공원, 노산공원, 각산산성

▷ 비용   조식 누룽지/간식 8,000원(육개장, 우유, 커피, 칼)/중식 튀김우동 2,500원/된장, 공기 3,000원/석식 돼지갈비(2인분) 16,000원/소주 3,000원/숙박 30,000원/計 62,500원

고성 상족암 공원

각산 봉수대

각산 전경

　새벽 6시 가리비양식장 앞 방파제에서 낚시하다. 자란도가 마주 보이는 호수같이 맑고 잔잔한 바다에는 굴과 가리비 양식장이 점점이 하얗게 수놓아져 있다. 멀리 사량도도 보인다. 여관에서 불린 누룽지에 마늘, 고추를 넣고 죽을 끓여 아침을 해결하고 길을 나서다. 고성군 하이면 덕명리에 자리한 상족암 군립공원은 남해바다와 접하고 오랜 해식작용으로 켜켜이 책상에 책을 쌓은 것처럼 아기자기하고 그 범위가 채석강보다 조금 넓다.

　1982년 무려 2,000개가 넘는 공룡 발자국이 발견되어 미국 콜로라도 주, 아르헨티나 서부 해안지대와 함께 세계 3대 공룡유적지로 인정받았다. 해안 절벽길을 따라 목재 산책로가 조성되어 공룡 발자국을 살펴볼

수도 있다. 1983년 군립공원으로 지정되었고 책상다리 모양이라고 상족
암(床足庵)이라고 이름 지어졌고, 이 지역 바닷가에 있는 250여 개 발자
국은 99년 천연기념물 제411호로 지정되어 공룡 집단서식지였음을 인정
받았다. 입장료 3,000원이지만 규모가 상당히 넓다. 공원 내 매점에서
점심을 해결하였다.

기암절벽은 청소년수련원에서 상족암을 거쳐 사천 남일대해수욕장까지
한려수도의 풍광을 자랑하고, 먼바다의 험한 파도는 경치가 빼어난 사
량도의 두 개의 큰 섬과 수우도가 막아주며, 육지 가까이는 하일면 춘암
리쯤 일명 유방섬(지명: 안장섬)이 막아주고 있다. 박물관과 상족암을 오
르내리는 가파른 계단이 힘들다. 여유 있게 푸른 바다를 내려다보며 박
물관에서 한껏 여유 있게 시간을 보낸다.

일찍 사천 시내에 들어서서 각산(408m)을 산행하였다. 각산 봉수대에
서 굽어보는 남해바다는 삼천포대교로 이어지는 창선도와 점점이 박힌

삼천포항

섬들로 조망이 훌륭하다. 각산에서 휴식 후 사천시(삼천포) 해안로에 위치한 사천시 노산공원으로 향하다. 역사가 있고 문학이 있는 산책로가 예쁘다. 시인 박재삼(1933~1997) 문학관과 2008년 한옥으로 지은 노산 호연재가 있다.

"진실로 진실로 세상을 몰라 묻네/별을 무슨 모양이라 하겠는가/또한 사랑을 무슨 형체라 하겠는가" 삼천포 시인 박재삼은 반복된 시어, 문답체 등 독특한 시로 겨레의 情과 恨을 잘 표현했다. 바둑계 조훈현 기사와 교분이 두터웠다고 한다.

노산호연재는 조선 영조 46년(1770년) 개성에서 이주한 선인들이 건립한 학당으로 일제에 의해 폐쇄됐다. 2008년 복원하여 사천시 지역의 충, 효, 예와 호연지기 도장으로 자리하고 있다. 산책로에는 대중가요 '삼천포 아가씨' 노래비와 삼천포 아가씨 조각 부조물이 있다. 95년 사천군과 삼천포시가 통합되었고 사천만이 깊숙이 밀고 들어와 시내가 돌출된 노산공원 양쪽으로 해안선을 끼고 어항과 횟집 해변 해수욕장이 발달되었다. 내일은 창선도와 남해도로 건너갈 것이다.

노산공원

051일차　14.10.19.(일)

사천 노산공원 ~ 남해 해오름 예술촌(남해군 삼동면 물건리 565-4)

남해의 독일마을과 해오름 예술촌

▷ **들머리**	사천 노산공원			
1구간	07:00–08:00	초양도 탐방지원센터	3.9km	60분
2	08:10–09:00	당항 냉천교회	3.1km	50분
3	09:10–10:00	동대리 남해관광펜션	3.1km	50분
4	10:20–12:20	삼동파출소	6.9km	120분
5	13:30–14:50	동천리 1516-8	4.8km	80분
6	15:00–15:50	양화황토펜션	2.8km	50분
▷ **날머리**	16:00–17:10	해오름 예술촌 (삼동면 물건리 565-4)	4.1km	70분
▷ **합계**			28.7km	480분
▷ **숙소**	하동군 악양면 입석리			
▷ **볼거리**	원예 예술촌, 독일마을, 물건리 방조어부림, 편백 자연휴양림			
▷ **비용**	조식 육개장/커피(2) 3,000원/중식 삼동지족 멸치쌈밥 8,000원/석식 감성돔회(동생 만찬)/ 計 11,000원			

아침에 여관방에서 육개장 밥을 끓여 먹고 노산공원 앞 바닷가를 끼고 삼천포 수산시장을 통과하여 삼천포 대교, 초양대교, 늑도대교, 창선대교를 지난다. 남해 창선도와 사천시를 연결하는 4개의 다리는 한국의 아름다운 길로 선정된 모개섬, 늑도, 초양도 3개 섬을 연결하여 총 길이 3.4㎞이지만 해상 자연경관과 연륙교의 예술적 조형미가 뛰어나다. 남해군은 인구 약 5만으로 자연 풍광이 뛰어나고 마늘, 시금치, 죽방렴멸치, 유자가 유명하다. 우리나라 5대 섬 남해도와 11대 섬 창선도가 행정구역상 남해군에 속하며 남해바래길 10개 코스, 총 130㎞가 남해 풍광을 가슴에 담을 수 있도록 개발되고 있다.

삼천포 아가씨

60~70년대 독일에 파견된 간호사, 광부들이 귀향하여 자리한 유명한 독일마을이 삼동면 물건리에 자리하고 있어 고즈넉한 마을풍경에 무척 어울린다. 따가운 가을 햇살 속에 오늘 종착지인 해오름 예술촌에 다다른다. 이곳은 6년 전 백두산 북파, 서파를 비롯하여 두만강, 압록강 지역(연길, 용정, 집안, 단동, 대련)을 순례 여행한 고교동기 부부들과 함께

남해 죽방렴

남해, 하동지역을 여행하며 숙박한 장소이기도 하다. 그때 이후 두 번째 방문인데, 해오름 예술촌은 2003년 은점바다가 내려다보이는 언덕배기 폐교(물건초등학교)를 정금호 촌장이 추억의 전시장, 갤러리, 작업공간, 문화 체험공간 등으로 정성 들여 가꾸어 놓은 장소로 꽤 볼만한 곳이다. 해오름 예술촌으로 동생 고광주가 마중 나왔다. 지리산을 사랑하는 동생은 귀향하여 하동읍내에 치과 의원을 운영하고 있다.

죽방렴 멸치 건조 작업

052일차 **14.10.28.(화)**

해오름 예술촌 ~ 벽련항(백련항)

진시황의 불로초를 구하러 왔다는 벽련마을

▷ 들머리	해오름 예술촌			
1구간	08:00~09:00	송정리 노구회관 입구	4.7km	60분
2	09:10~11:00	미조항 농협마트	7.5km	110분
3	11:20~12:10	설리해변	3.4km	50분
4	12:40~14:40	상주해수욕장	7.7km	120분
5	15:00~15:50	금산탐방지원센터	3.0km	50분
▷ 날머리	16:00~16:50	벽련항(백련항)	4.0km	50분
▷ 합계			30.3km	440분

▷ 숙소   하동 악양면 입석리

▷ 볼거리   금산 보리암. 벽련항

▷ 비용   남해읍 봉정식당 조식 갈치조림정식 20,000원(2人)/중식 도시락/커피 2,000원/석식 하동금
         남 회(동생 만찬)/計 22,000원

노도바다

아침 6시 하동 출발, 남해읍 시장골목 봉정식당 오문자 여사(66세)의 구수한 입담과 갈치조림(10,000원)이 누룽지, 굴김치, 도다리구이, 젓갈 등과 어울리며 맛깔스럽다. 식사 후 해오름 예술촌 도착 8시, 걷기 시작. 은점, 대지포를 지나 고개 셋을 숨차게 넘으니 잔잔한 남해바다를 안고 있는 미조항이다. 해안에는 고깃배가 꽤 많다. 주변엔 낚시꾼들이 득실거리는데 남해섬 주위에 바위섬이 많은 탓이다.

상주해수욕장은 송림과 입자가 가는 은모래로 절경을 이루고 바다 한가운데 외롭게 촛대 모양의 바위섬이 파수꾼마냥 해수욕장을 지켜보고 있다. 금산 등산

봉정식당 오문자 님

미조항 바다

국도 3호선 시점비

徐市過此의 傳說

서불과차(徐市過此)의 암각문(岩刻文)은
양아리 산4-3번지 부시(扶施)절터곁에 있는
두낭최고의 문화유적인 석각(石刻)으로 이
곳에 2배의 크기로 탁본모사(拓本模寫)
하여 선조들이 보존하여 온 문화유적을
탐구전수하고 향토문화의 발달을 염원
하는 주민의 뜻을 여기에 모은다.

진시황(秦始皇)의 사자(使者) 서불(徐市)
은 동남동녀 각 오백명과 그 일행 이천여명
을 거느리고 삼신산(三神山)을 찾아 불로
불사초(不老不死草)를 구하려고 BC219
년경 산둥반도(山東半島)낭야(琅邪)에서
항해를 건너 일점선도(一點仙島)로 보이는
이곳 남해의 영도(靈島)인 보타산(補陀山)
지금의 금산 아래 벽련과 두모에 선단(船團)
을 기박(寄舶)한 후 삼룡로(上陸路)와
승선로(乘船路)의 표시로 벽련과 두모에
5개소가 암각되어 있다.

이 암각문은 화상문자(畵象文字),상형
문자(象形文字), 기림다문자(加臨多文字)
곡학문자(斛斛文字)라고 하나 분서갱유
(焚書坑儒) 이전의 주문(籒文)이라 한다.

一九九九년   一一월   一日立

서불과차 암각화

동생과 함께

로 초입엔 진시황의 사자 서시가 동남동녀 500명과 일행 2천명을 데리
고 불로초를 구하려고 BC 219년 산둥반도 낭야에서 남해 보타산(금산)
아래 벽련마을(두모마을)에 왔다가 새겼다는 양각문을 남긴 기념마당이
조성되어 있다.

벽련항(백련항) ~ 평산항

민초들의 치열한 삶의 현장 다랭이논

▷ 들머리	벽련항(백련항)			
1구간	08:00~09:00	남해자동차운전학원	3.7km	60분
2	09:10~10:20	미국마을	4.1km	70분
3	10:30~11:50	홍현펜션 앞	5.5km	80분
4	12:00~13:10	다랭이마을	4.7km	70분
5	14:00~14:50	항촌교회 앞	3.3km	50분
6	15:00~16:10	유구마을 회관	4.8km	70분
▷ 날머리	16:20~16:50	평산항 횟집	1.7km	30분
▷ 합계			27.8km	430분
▷ 숙소	하동 입석리			
▷ 볼거리	노도(김만중 유배지), 가천 다랭이마을			
▷ 비용	가정식 백반 12,000원(2人)/중식 도시락/커피 3,000원/석식 우럭매운탕 (동생만찬)/計 15,000원			

서포 김만중의 유배지 노도

    아침 6시 출발, 남해읍 봉정식당 아침 식사, 오늘은 가정식 백반, 정말 환상적(양과 질 모두, 가격도)이다. 주인 오문자 님은 입담과 글재주(남해일보에 기고), 음식 솜씨 삼박자를 고루 갖추었다. 벽련항 건너 노도가 있다. 조선 숙종 때 구운몽의 저자 서포 김만중(1637~1692)의 유배지이며 유허지이다.

    제법 쌀쌀한 바닷바람을 맞으며 언덕배기 다랭이논과 설흘산과 응봉산을 바라보며 CNN이 선정한 '한국에서 꼭 가봐야 할 3위'이며 내 생가

다랭이마을

터가 있는 가천 다랭이마을로 향한다. 다랭이마을은 거친 세파에 농토가 없는 촌민들이 계단 형태의 논밭을 가꾼 삶의 치열한 현장이다. 중국 윈난성의 오지마을과 닮았다. 삼동면, 미조면, 상주면, 남면으로 이어지는 비교적 완만한 비렁길(가파른 언덕길)의 풍광도 멋스럽다. 남해군에서는 도로 곁 목조 데크길과 주차장을 충분히 확보하는 것이 시급해 보인다.

미국마을

가천 초등학교

가천 암수 바위

054일차 **14.10.30.(목)**

평산항(남해 평산리) ~ 관음포(이충무공 전물유허 첨망대, 고현면 차면리산 125)

해풍과 주민의 정성으로 자란 남해 마늘

▷ 들머리	평산항			
1구간	09:00–09:40	힐튼 CC	2.7km	40분
2	10:00–11:10	스포츠파크	4.5km	70분
3	11:20–12:50	남상 하나로마트	6.4km	90분
4	13:30–15:30	삼베마을	7.9km	120분
▷ 날머리	15:50–17:30	관음포	6.6km	100분
▷ 합계			28.1km	420분
▷ 숙소	하동 악양면 입석리			
▷ 볼거리	망운산 화방사, 망운사			

덕월리 바다

　오늘은 평산포구에서 덕월리 힐튼CC 리조트를 거쳐 서상, 갈화리, 관음포까지 걸었다. 덕월리는 선친의 고향인데 수려한 풍광 탓에 여수가 바로 보이는 섬과 섬, 육지를 이어 힐튼 골프리조트를 만들었다. 덕분에 조상묘가 있던 자리가 힐튼리조트로, 여름 방학 때 수영으로 건너 다녔던 섬은 이제 골프 코스가 되었다. 수상스포츠파크 또한 프로야구, 축구의 동계 훈련장으로 유명하다. 덕월리에서 구미리로 바닷가 언덕배기 길이 계속 이어져 바닷가는 잔잔한 파도가 일렁이고, 물 빠진 개펄에는 수많은 빤장게(민꽃게, 박하지, 뻘떡게 등 지역에 따라 다양하게 불리고 있다.)가 끊임없이게 구멍으로 들락거리고 있다.

남해 스포츠파크

　남해는 마늘로 유명한 고장이다. 해풍으로 다져진 마늘은 약성이 뛰어나다. 추수가 끝나면 숨 돌리기 무섭게 마늘을 심고 비닐을 덮고 싹이 자라면 끝이 ㄱ자로 구부러진 꼬챙이로 일일이 비닐을 뚫어 한 싹, 한

싹 마늘 이파리를 꺼내는 작업을 한다. 보리 대신 쌀-마늘로 이어지는 이모작이다. 남해군민의 부지런함이 약성 좋은 마늘을 키워내고 있다.

또 남해는 삼베의 고장이다. 어릴 적 겨울 방학 때 동네 총각의 눈깔사탕 유혹에 연애편지 심부름으로 시골 사랑방에 가면 과년한 처녀들이 모여 수다 떨며 눈부시게 하얀 허벅지 위에 삼실을 꼬아대던 풍경이 떠오른다. 지금쯤 70, 80대가 넘는 할배, 할멈이겠지.

관음포는 李落浦(이락포: 이순신 장군이 돌아가신 곳)로 알려져 있다. 이곳에는 기념관이 조성되어있고 남해를 찾는 관광객이 상당히 많다. 천만 관객 영화 '명량' 탓인가? 나지막한 이락산 (69m)에 오르면 광양 화력 발전소와 광양 제철소가 노량바다 건너서 흰 연기를 봉화대처럼 내뿜고 있다. 오늘은 조식·중식 도시락·석식까지 모두 동생이 형을 위하여 선심 쓰고 있다.

이락사

이락포

055일차   14.10.31.(금)

관음포(고현면 차면리) ~ 동비교(설천면 비란리)

옛 시골 정취가 충분한 힐링의 고향, 남해

▷ 들머리	관음포			
1구간	12:30–13:30	남해 충열사	4.5km	60분
2	13:40–14:30	왕지등대	3.5km	50분
3	14:40–15:10	동흥마을 입구	2.2km	30분
4	15:20–16:00	옥동 입구	2.3km	40분
▷ 날머리	16:10–17:30	동비교(설천면 비란리)	5.6km	80분
▷ 합계			18.1km	260분
▷ 숙소	하동 입석리			

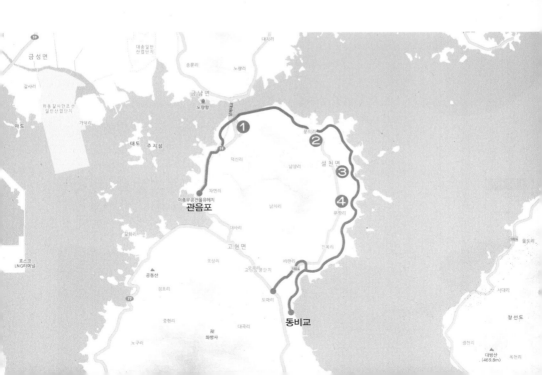

아침에 보슬비 온다. 쉴까 생각했는데 비가 그칠 분위기라서 동생이 관음포로 데려다준다. 겉으로는 투덜대지만 무척 고마운 동생이다. 또 비가 내린다. 이왕 나선 김에 걷기 시작이다. 남해 충열사도 옛날 고등학교 시절 바닷가 조그만 사당이었는데 옆으로 확장, 정비되어 이제는 제법 넓은 성역이 되었다. 관광버스도 몇 대 주차되어있다. 충열사로부터 멀리 지족면 창선교 까지는 마을 이면도로가 바다를 끼고 계속 이어진다. 참으로 고즈넉한 호수 같은 바다를 끼고 걷는 길이다. 버스도 자주 다니지 않는 듯하다.

노량 충열사

남해는 관음포에서 노량대교 구간 약 3km, 지족 창선교에서 삼동면 물건리에 이르는 4km 구간을 제외하고는 바닷길이 마을을 끼고 계속 이어진 환상적인 곳이다. 거제도처럼 도회적인 분위기가 아닌 옛 시골 정취를 충분히 느낄 수 있는 힐링의 고향 같은 곳이다.

설천 동비교

노량 바다

동비교(설천면 비란리) ~ 창선교(삼동면 지족리)

아직도 남은 바래길 끝자락의 생가가 주는 감흥

▷ 들머리		동비교		
1구간	09:00–09:40	이어체험마을	2.5km	40분
2	10:00–11:10	선소항	4.7km	70분
3	11:20–12:30	이동 초음리 6–3	4.6km	70분
4	12:40–13:40	남해고 앞	3.5km	60분
5	14:00–14:50	삼동면 영지리 2916	2.8km	50분
▷ 날머리	15:00–16:30	삼동면 창선교	5.5km	90분
▷ 합계			23.6km	380분

▷ **숙소**　하동 악양면 입석리

▷ **볼거리**　죽방렴, 국립 남해편백자연휴양림

▷ **비용**　조식 된장찌개 4,000원/커피 2,000원/중식 빵·우유(오징어) 5,500원/석식 하동 최참판댁
　　　　　식당 해물칼국수 5,000원/計 16,500원

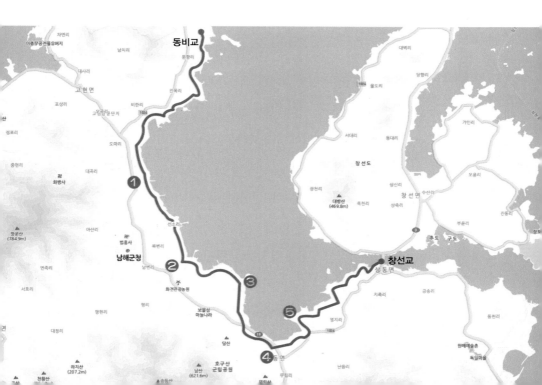

설천 바다

가을장마 탓인가? 일기예보는 비 온다 했는데 잔뜩 흐리기만 하고 비는 없어 또다시 길을 나서다. 하동읍터미널에서 된장찌개를 먹다. 남해 설천 비란리 동비교까지 동생이 바래다준다. 남해대교 아래 오래된 국도는 옛날 하동 금남면과 남해 노량 사이에 도선장이 있어서 1973년 남해대교 개통 전 육지와 섬을 이어주는 교량 역할을 했던 곳이다. 낚시꾼이 힘 좋은 농어와 감성돔을 잡는 남해대교 아래 노량리로부터 창선교 근처 지족리까지 이어지는 백십리 도로이다(약 44㎞). 멀리 진교, 사천시와 가까이는 창선도를 끼고있는 지족해협은 물 흐름이 최고 시속 15~20㎞에 이를 정도로 빠르다. 이 때문에 어종이 풍부하여 죽방렴이 발달. 현재 지족해협에 23개소가 남아있다.

이어어촌체험마을

오랜만에 천천히 바닷가 도로를 하루 종일 걸었다. 간혹 짧게 마을 안쪽을 통과하지만 금방 바닷길을 만난다. 무척 고요한 바다, 갯벌, 방파제에 간혹 굴 까는 아낙네까지 이 모두가 정겨운 백리 해안도로다. 지자체에

영지마을해변

서 조금 더 활성화할 필요가 느껴진다. 남해 일주가 어느새 끝인가? 약 137㎞! 남해바래길은 남해안 해안 절경을 가슴에 품고 걷는 10개 코스, 총 130㎞(창선도 3개 코스)로 소개되고 있다.

남해군은 면적 359㎢ 인구, 약 47,000여명(2014, 5월 현재) 1읍 9개 면으로 유인도 3개, 무인도 76개를 품는 아름다운 섬이다. 해풍으로 약성이 강한 마늘과 시금치, 지족의 죽방렴 멸치가 유명하다. 남해는 나의 고향이다. 이번 여행길이 더욱 뜻깊다. 더욱이 테두리 여행길의 바래길 끝자락에 위치한 가천 다랭이마을의 폐교 가천초등학교 관사가 생가인데 아직 슬라브 단층 건물이 남아 있는 게 신기하다.

1968년 우리나라 최초로 지정한 한려해상국립공원은 거제 지심도에서 여수 오동도에 이르는 여수시 지구, 노량수도 지구, 남해 금산지구, 사천시 지구, 통영시 지구, 거제시 지구로 나누어지고 전체면적 중 해상면적이 72%를 차지하는 해상경관이 수려한 곳이다.

42일 차부터 59일 차까지는 한려해상국립공원 지역을… 60일 차부터 85일 차까지는 다도해 해상국립공원 지역을 발품 팔아 도는 여행이다.

죽방렴 관람대

057일차 **14.11.02.(일)**

노량 충열사(설천면 노량리 350) ~ 섬진대교(하동군 금성면 갈사리)

노량항의 참숭어축제

▷ 들머리	노량 충열사			
1구간	08:00-09:00	금남면 노량항	3.7km	60분
2	09:10-10:20	가덕리 생활폐기물 처리장	4.5km	70분
3	10:30-11:20	하동 화력발전소	3.3km	50분
4	11:30-12:50	갈사리 1239	5.0km	80분
▷ 날머리	13:00-13:20	창원레미콘	1.7km	20분
▷ 합계			18.2km	280분
▷ 숙소	악양면 입석리			
▷ 볼거리	헌동 참숭어축제, 갈사만, 하동 화력발전소			
▷ 비용	조식 고구마, 배, 밥/간식 군밤, 땅콩 10,000/중식 숭어, 고래고기, 오뎅/석식 재첩국 계 10,000원			

남해대교

　누룽지탕에 묵은김치로 간단히 아침을 해결하고 남해 충렬사까지 동생
이 바래다준다. 일주일 동안 아침, 저녁 왕복으로 에스코트해주니 참으
로 고마운 동생이다. 남해대교를 건너 하동 금남면 노량항으로 들어서
니 참숭어축제 기간이라 잔뜩 흐린 날씨 속에서도 아침부터 축제 준비
중이다. 금남파출소를 지나 바닷가로 이어지는 해안도로가 흐린 날씨 속
에 정겹다.

하동 갈사만

하동 화력발전소로 이어지는 도로에 느닷없이 약 300m 길이의 터널이 있다. 경광봉을 켜고 지난다. 하동 화력발전소를 지나면 드넓은 갈사지구 간척지에 갈사만 조선산업단지조성공사가 진행 중이다. 점심을 참숭어축제 장소에서 하자는 동생의 요청에 고마운 마음으로 섬진대교 직전에 일요일 도보행군을 마친다.

058일차   14.11.03.(월)

섬진대교(금성면 갈사리) ~ 여수엑스포역

하루 차이로 보지 못한 세계박람회장의 Big-O Show

▷ 들머리	섬진대교			
1구간	07:30−09:00	광양제철소 삼거리	5.9km	90분
2	09:10−09:40	태금역	2.2km	30분
3	10:00−10:15	태금역−이순신대교−묘도대교	(10.4km)	택시
4	10:20−12:00	묘도선착장−한구미터널	7.3km	100분
5	12:10−13:30	신덕해수욕장	4.8km	80분
6	13:40−15:00	모사금해수욕장	4.9km	80분
▷ 날머리	15:20−17:20	여수엑스포역	6.2km	120분
▷ 합계			31.3km	500분
▷ 숙소	하동 악양면 입석리			
▷ 볼거리	엑스포 스카이 전망대, 아쿠아 플라넷, 엑스포 기념관, 만성리 레일 바이크, 만성리 검은모래해수욕장			
▷ 비용	석식 하동 범바구 닭집 35,000원(055 882 1359)/택시7,800원/計 42,800원			

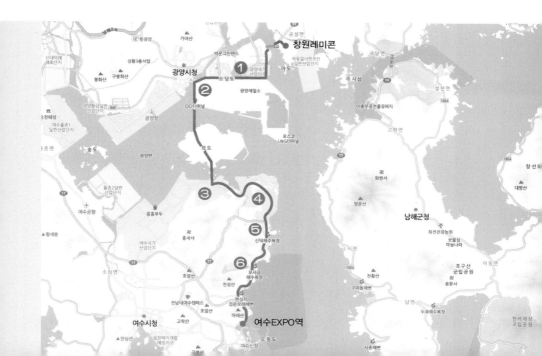

갈사리 해안

전남 광양시 태인동과 경남 하동군 금성면 갈사리를 잇는 섬진강대교를 건너 광양국가산업단지로 들어선다. 광양제철소와 전남드래곤즈 축구장을 지나 이순신대교 직전에 태금역 앞에서 히치하이킹! 약 20분에 걸쳐 실패! 결국 지나가는 택시로 이순신대교, 묘도대교를 건너 하차! 요금 7,800원, 다시 걷기 시작이다! (이순신대교는 도보 통행 불가)

신덕동 국가 산단 송유관

지도상 신덕해수욕장, 모사금해수욕장은 안내간판이 신덕피서지, 모사금피서지로 되어있다. 한려해상국립공원에 속하는 만성리해수욕장은 마래터널 근처의 해식애가 장관을 이루고 검은 모래는 신경통에 좋다고 알려졌으나 여천공업단지 때문에 주변 경기가 나빠지고 있다 한다. 마찬가지로 엑스포광장으로 이어지는 만성리 레일바이크도 쓸쓸한 느낌이 난다. 레일바이크 관리직원 강대요 님과 이름 밝히길 거부하는 카페 주인 부부의 따뜻한 공짜 블랙커피 한 병이 너무 고맙다.

포스코 광양제철소

여수 엑스포 박람회장의 스카이타워 전망대에 올라 멀리 남해도와 가까이 오동도와 전시관, 기념관, 아쿠아 플라넷을 조망하다. 이순신대교는 주탑 높이가 세계에서 제일 높은 현수교이며 이충무공 탄신 연도인 1545년을 기념하여 주탑 간 거리 1,545m의 해수면에서 270m 높이로 만든 초대형 구름다리다. 그런데 여수 산단을 오가는 어마어마한 적재량의 화물차량이 너무 많아 교통통행규정이 제대로 지켜지는지 걱정이다.

남해화학(주)

여수 엑스포역

모사금 해수욕장

　여수 세계박람회장의 하이라이트는 Big-O Show인데 안타깝게도 공연 기간이 4.5(토)~11.2.(일)(매주 월요일 휴관)이어서, 저녁 19:00 분수쇼, 뭉키쇼 등을 볼 수 없어 여수 밤바다의 감동은 맛보지 못한다. 나라별 전시관도 11.2일까지가 관람기간이다. 아쉽다. 내년을 기약하자. 버스커 버스커의 "여수 밤바다"가 들리는 듯….

　"너와 함께 걷고 싶다 나는 지금 여수 밤바다, 여수 밤바다"

059일차   14.11.04.(화)

여수엑스포역 ~ 향일암(여수시 돌산읍 율림리 산 7-2)

4대 관음도장 중 하나인 해맞이 명소, 향일암

▷ 들머리	오동도 입구			
1구간	07:30–08:10	돌산읍 우두리 771-6	3.0km	40분
2	08:20–09:20	신우FRP조선소	4.0km	60분
3	09:30–10:40	무술목해변	4.9km	70분
4	11:00–12:00	큰계동방파제	3.6km	60분
5	12:10–13:10	두문 어촌체험장	4.3km	60분
6	13:20–14:00	방죽포해수욕장	2.5km	40분
7	14:40–16:10	소율 어촌체험장	5.7km	90분
▷ 날머리	16:20–17:20	향일암	3.0km	60분
▷ 합계			31km	480분

▷ 숙소   해와달모텔(061 644 9600)

▷ 볼거리   무술목해변, 향일암, 거북선 대선, 진남관

▷ 비용   석식 해물 된장찌개 8,000원/커피 2,000원/중식 빵·우유 4,000원/향일암 입장료 2,000원/
숙박료 40,000원/計 56,000원

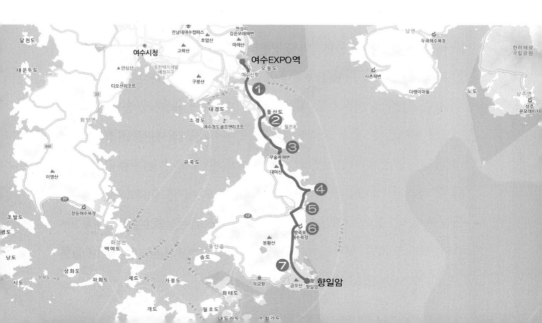

여수 엑스포

오동도 입구에서 출발, 1㎞ 전방에 자산터널(443m)을 지나면 곧바로 거북선대교(744m, 2012년 완공)로 이어진다. 대교 건너 돌산도이다. 우리나라 9번째 큰 섬이다. 돌산읍 우두리에서 흡사 용머리를 닮은 해안길을 거쳐 무술목해변에 다다른다. 이순신 장군이 무술목의 지형을 이용하여 왜선 60여 척, 왜군 300여명을 섬멸한 전승지이다. 몽돌해변과 해송 숲이 연안 서식어류를 풍부하게 하고 새해 해돋이 명소이기도 하다. 방죽포, 소율어촌도 체험명소로 자리 잡고 있으나 좀 더 주변 경관을 다듬어야겠다.

오늘은 향일암 인근 전망 좋은 해와 달모텔에 여장을 풀고 우리나라 4대 관음도장 중 하나인 금오산 기슭에 자리한 향일암에 오른다. 새해 해맞이 명소(향일암)이기도 하며 서기 644년 선덕여왕 13년

향일암 포구

방죽포

원효대사가 원통암이란 이름으로 창건, 조선 숙종 41년(1715년) 인묵대
사가 향일암으로 이름 지었다. 기암절벽 암자 주위엔 울창한 동백나무와
아열대식물이 자리하고 있고 뒤편엔 금오산이 병풍처럼 둘러싸 천하절
경을 이루고 있다. 특히 올해 설날 일출을 보려고 4만명이 찾아왔던 곳
이기도 하다.

　1981년 주변 금오산을 비롯하여 금오도, 안도, 연도, 소두라도, 대두
라도, 횡간도 등 크고 작은 섬들과 청정해안이 다도해해상국립공원(여수
시, 완도군, 진도군의 1,596개 섬으로 구성)으로 지정 관리되고 있다.

우두리 해안

060일차 **14.11.05.(수)**

향일암(여수시 돌산읍 율림리 산 7-2) ~ 돌산공원(돌산읍 우두리)

유달리 산과 돌이 많은 돌산도

▷ 들머리		향일암		
1구간	06:30–07:10	율림삼거리	2.8km	40분
2	07:20–07:50	율림치 고개정상	1.7km	30분
3	08:10–09:10	임도오솔길–해경 작금출장소	4.4km	60분
4	09:20–10:10	신기항	3.1km	50분
5	10:20–11:20	군내선착장	4.0km	60분
6	12:00–12:50	해경 금천출장소	3.8km	50분
7	13:00–14:40	도실삼거리	6.6km	100분
8	15:00–16:40	여수시립도서관	6.5km	100분
9	17:00–17:40	돌산공원	2.9km	40분
▷ 날머리	17:50–18:10	거북선대교	1.3km	20분
▷ 합계			37.1km	550분

▷ 숙소   하동군 악양면 입석리

▷ 볼거리   율림치 정상 팔각정(160m), 금오도, 거문도, 백도

▷ 비용   조식 빵·우유/중식 벧엘식당(061 644 7373, 군내리 505) 백반 8,000원/석식 대가손짜장
(055 882 8582) 탕수육 16,000원/計 24,000원

오늘 향일암에서 돌산대교까지 걷는 약
36km의 노정에 숙박시설이 없다. 간혹 낚
시꾼을 대상으로 하는 민박집도 1인 여
행객에겐 수익성이 없어 빈방을 제공하지
않는다. 하동 동생에게 퇴근 후 오라는
연락을 해두었다.

작금항 마을

아침 6시 30분 어두운 길을 나섰다. 율
림삼거리에는 '여기서부터 다도해 해상국

립공원입니다' 표지판이 서 있고 대율 버스승강장 옆에는 조그만 간판에
재미난 글귀가 있다. '저기 저 집이 초도 양씨 집'. 가파른 고갯길을 30여
분 올라 율림치 정상 팔각정 정자에 오르니 율림 앞바다가 예쁘게 조망
된다. 금오산 줄기를 돌아내려 선착장을 지나 금오도 여천항을 이어주는
신기선착장 매표소에 이르니 금오도 비렁길 여객 터미널 건물에 20여명
의 여행객이 승선준비를 하면서 구내 휴게소에서 커피를 즐기고 있다. 군
내선착장에서 아점을 해결하고 돌산도의 마지막 여정을 위해 힘을 번다.

화태대교

무술목사거리에서 진모삼거리까지의 약 3.5㎞는 어제 걸었던 길인데 돌산도 지형상 어쩔 수 없이 지나는 길이다. 돌산 시립도서관을 지나 돌산대교에 다다른다. 돌산대교 아래 부둣길로 거북선대교에서 돌산도 일주를 끝맺는다.

이틀간 총 66㎞가 우리나라 9대 섬 돌산도의 여정이다. 돌산도는 빼어난 해상풍경과 갓김치로 유명한데 봉황산(460m) 금오산(323m) 등 유달리 산과 돌이 많아서 돌산도란 지명이 붙여졌다. 해안선 길이는 105㎞에 달하지만 도로로 이어진 일주도로는 훨씬 짧은 약 66㎞이다. 인구는 약 1,500여명이고

돌산도 주변에 송도, 금죽도 등 유인도와 항대도, 서근도 등 19개의 무인도가 있으며 주민은 주로 농업과 어업에 종사한다. 최근엔 양잠업도 하며 풍부한 어장과 굴 홍합 양식도 한다.

돌산대교는 길이 1,450m, 높이 62m 사장교로 1984년 준공되었고 돌산공원에서 바라보는 여수항 전경과 다도해 해상풍경은 낮이나 밤에도 사진작가의 촬영명소로 유명하다.

돌산대교

여수항

061일차　14.11.18.(화)

돌산공원(돌산읍 우두리) ~ 화정면 우체국(화정면 백야리)

남해안 환상 바다벨트의 시작, 여수

▷ 들머리	돌산공원			
1구간	06:50-08:00	히든베이호텔	5.0km	70분
2	08:10-09:40	여수시청	6.4km	90분
3	09:50-10:10	용기공원	0.7km	20분
4	10:20-11:00	소호요트장	2.1km	40분
5	11:20-12:30	오리랑 바다	1.5km	70분
6	12:40-13:40	화양면사무소	3.9km	60분
7	13:50-14:40	화양고삼거리	3.3km	50분
8	14:50-16:40	디오션CC	6.6km	110분
▷ 날머리	16:50-18:10	화정우체국	5.1km	80분
▷ 합계			34.6km	590분

▷ 숙소　백야민박(061 685 8045) 고준환 님

▷ 볼거리　금오도, 개도, 하화도, 사도(공룡 화석지)

▷ 비용　점심 오리뚝배기 7,000원(소굴동 945-3, 061 681 5434)/석식 민박 백반 7,000원/서울 왕복 48,000원(서울-하동)/민박 30,000원/햇반 2,500원/計 94,500원

거북선대교

　오늘은 여수 돌산공원에서 백야도선착장까지 FDA 지정 가막만을 끼고 걸었다. 웅천 친수공원 주변에는 대단위 주택단지 공사로 어수선하다. 여수시청을 끼고 용기공원에 올라 가막만을 바라본다. 무척 잔잔하다. 계속 가막만을 끼고 소호요트장까지 이어지다가 화양면을 지나 안포리·원포리에서는 가파른 고갯길이 이어지고 군데군데 터널 공사 중이다.

　디오션CC를 가로질러 세포삼거리를 지나면 오른쪽으로 장수만이 나타나고 곧이어 백야대교에 들어선다. 2005년 4월 준공 이후 나로호 발사 광경 전망에 좋은 곳으로 백야도 등대가 알려지면서 외부인의 백야도 방문이 많아졌다. 고씨민박 식사는 무척 정겹다. 회무침, 매운탕도 뛰어나고 시금치 등 채소는 직접 재배하였다고 한다. 소주 한잔으로 성씨가 같은 형님 모시는 기분이 좋다.

여수항

　흡사 호랑나비 형상의 여수는 우측 꼬리 부분에는 돌산읍, 좌측 꼬리 부분에는 화양면을 품은 인구 29만의 도시다. 여수는 365개 섬과 2개의 해상국립공원(다도해, 한려)을 품은 볼거리 먹거리가 풍부한 도시, 농촌, 어촌의 풍광을 지니고 있는 매력적인 해양관광 도시이다. 2012년에 여수 엑스포 박람회가 열려 더욱 편리해진 교통망과 특급호텔이 들어서 세계적인 미항으로 자리하고 있다. 특히 좌측으로 고흥반도, 우측으로 남해도를 끼고 깊숙이 자리한 FDA가 지정한 청정해역 가막만과 장수만, 여자만을 품고 있고 남해안 환상 바다벨트가 진행 중이다. 즉, 돌산도 신기항-화태도-월호도-개도-제도-백야도-화양대교-조발대교-둔병대교-낭도대교-적금대교-고흥군으로 이어지는 11개의 해상 고가교가 미항 여수의 멋진 울타리가 될 것이다. 언젠가 다리가 완성되면 부산 광안대교, 부산항대교, 거제연륙교에서 시작하여 남해안 해상 벨트를 달려볼 것이다.

향호마을

소호요트장

백야도 선착장

062일차   14.11.19.(수)

백야도 화정면 우체국(화정면 백야리) ~ 달천교 (여수시 소라면 복산리)

여자만의 황홀한 일몰과 사진작가들의 출사지

▷ 들머리	화정면 우체국			
1구간	07:00~08:00	세포삼거리	3.7km	60분
2	08:10~09:20	자매삼거리	4.7km	70분
3	09:30~11:00	구미리 사무소	5.9km	90분
4	11:10~12:00	서촌리 사무소	3.1km	50분
5	12:10~14:30	감도리 사무소	8.1km	140분
6	14:40~15:40	백천경로당	4.2km	60분
▷ 날머리	15:50~17:30	뚝방~달천교	5.5km	100분
▷ 합계			35.2km	570분
▷ 숙소	하동 악양군 입석리			
▷ 비용	조식 바지락 백반 7,000원/중식: 빵·우유 3,000원/석식: 하동 동생 만찬/計 10,000			

꼬막채취

아침 일찍 민박집에서 제공해준 바지락 조갯국 백반을 먹고 한참 도로 확장 공사 중인 백야대교−세포삼거리 구간을 지나 언덕배기 길을 넘어 가니 자매삼거리다. 굴 까는 소규모 굴 공장이 제법 활기차다. 장등해변 도로를 장수만을 품고 걷는다. 이어서 여자만이 나타나고 조발도, 둔병 도, 적금도, 낭도가 언덕 아래 바라보인다. 여수반도의 한쪽 측은 여수 시내와 돌산도, 또 한쪽 측은 율촌면, 소라면, 화양면, 화정면인데 이 4 개 면을 아우르는 천혜의 지역 여수는 물산이 풍부하고 인심 좋은 고장 인가 보다. 바다를 이어주는 길잡이마냥 해안도로는 잔잔한 여자만에 황홀한 일몰 광경을 제공하여, 사진작가들의 출사지로 유명한 곳이다.

소라면 관기해안길에 커피 향이 무척 좋은 카 페 '리바벨라'(061 686 0038, 소라면 현 천리)의 주인장 바리스타 정영호 님 내외의 따뜻한 인심에 깊은 감사 를 표한다. 공짜 커피 한 병과 약 밥 두 뭉치까지 싸주시고…. 오 늘 하루 리바벨라 창가에서 내 다보이는 여자만의 낙조는 커피

카페 '리바벨라'

향과 함께 최고의 선물로 가슴에 안긴다. 내일
이면 여수반도 5일 동안의 일주가 마무리된
다. 약 30만 인구를 품은 1읍 6개 면의 여
수는 해안선 길이가 880㎞, 365개의 부
속 섬이 있으며, 임해산업단지인 여수 국가
산단에는 264개 기업이 입주하여 석유화학
공업이 발달하여 대한민국 석유화학의 48%를 생
산하고 있다.

정영호 님과

여자만 낙조

063일차　14.11.20.(목)

달천교(여수시 소라면 복산리) ~ 순천만 생태공원

마음의 여유가 자연과 어우러지는 순천만 정원과 갈대숲

▷ 들머리	달천교			
1구간	08:00-09:00	사곡 진료소	4.0km	60분
2	09:10-10:10	사곡리 915	3.6km	60분
3	10:30-11:50	두봉교	4.4km	80분
4	12:00-14:20	순천 해룡면사무소	9.2km	140분
5	14:30-15:40	순천만정원 동문	4.8km	70분
6	15:50-16:30	정원 산책	2.5km	40분
7	16:35-16:50	정원-순천문학관(트램)	(4.6km)	(15분)
▷ 날머리	17:00-18:10	갈대 습지	4.4km	70분
▷ 합계			32.9km	520분

▷ 숙소　악양면 입석리

▷ 볼거리　순천만 정원(한국 정원, 꿈의 다리, 호수정원), 스카이큐브, 용산전망대

▷ 비용　조식 하동/순천만정원/입장료 5,000원/중식 오뎅(4) 2,000원/스카이큐브 5,000원/석식 하동/커피 2,000원/計 14,000원

순천만 정원

 6일간의 여수여행을 마치고 순천만 갈대 숲과 정원을 보러 간다. 순천만 정원, 갈대 숲은 여유로운 산책길이다. 마음의 여유와 꽃과 나무와 바람이 자연스럽게 어우러져 넉넉한 일상을 제공해준다. 세계정원을 필두로 한국정원, 꿈의 다리, 호수정원 등으로 약 6㎞ 넘게 이어지는 공간은 하나의 거대한 설치미술 정원으로 손색없다. 약 15만평의 자연발생적 갈대밭은 국내 최대 규모이며 드넓은 갯벌의 바람결에 햇빛의 조도에 따라 은빛, 잿빛, 금빛으로 세상을 일렁이게 한다.

 게다가 흑두루미, 재두루미, 황새, 저어새 등 세계적인 희귀조류 도래지로 알려져 있다. 3번에 걸친 방문이지만 사정상 용산전망대에 올라 드넓은 순천만 갯벌의 장관을 보지 못함을 아쉬워하며… 귀로에 오른다.

순천만 정원

순천만 자연생태공원

064일차 **14.11.21.(금)**

순천만 생태공원(순천시 대대동) ~ 중산리 일몰전망대

대하소설 태백산맥의 주 무대, 벌교

▷ 들머리	순천만 생태공원			
1구간	07:00–09:00	원창역(폐역)	7.6km	120분
2	09:20–10:20	용두삼거리	3.9km	60분
3	10:30–11:20	금치삼거리	3.2km	50분
4	11:30–13:00	벌교역	5.7km	90분
5	13:20–14:00	고흥 만남의 광장	2.4km	40분
6	14:30–16:00	동강면사무소	5.8km	90분
▷ 날머리	16:10–17:10	중산리 전망대	4.9km	70분
▷ 합계			33.5km	520분
▷ 숙소	진영각모텔(061 835 5040, 과역면 과역리)			
▷ 볼거리	보성여관, 홍교, 낙안읍성			
▷ 비용	중식 벌교 홍성식당(061 857 6009) 백반 7,000원/석식 짬뽕밥 7,000원/숙박 30,000원/사과, 초콜릿, 우유 5,000원/計 49,000원			

순천-벌교 농로

아침 일찍 악양면 집을 나서다. 51일 차부터 63일 차 중 2일을 제외하고 11일 동안 숙식제공과 도보 여행의 출퇴근을 가능하게 해준 동생에게 무한한 고마움과 정을 느낀다. 순천시 대대동 생태공원을 벗어나 만나는 4차선 국도는 굉장히 위험하다. 도로 옆 제방 아래 농로를 걸으며 겨우 2번 국도를 벗어나 별량파출소, 원창역을 지나 벌교역에 다다르다.

벌교는 조정래의 대하소설 태백산맥의 주 무대이다. 4년간 주요 인물의 활동무대를 벌교 읍내 약도까지 그려가며 준비했던 대하소설 태백산맥 10권은 이후 6년간 집필되었다. "문학은 인간의 인간다운 삶을 위하여 인간에게 기여해야 한다." 작가의 말씀이다. 고흥 만남의 광장을 지나 15번 국도로 접어든다. 옛 도로가 얼기설기 이어지는 걷기 힘든 길이 이어진다. 일몰 직전 고흥 10경 중산리 일몰전망대에서 가까이는 우도 앞 개펄과 멀리 보성 땅을 바라본다.

오늘 이만 걷자, 어두워진다. 발바닥도 아프다. 마침 자가용을 히치 하이킹, 과역면 소재 진영각모텔을 소개받는다. 하마터면 고흥읍이나 벌교로 나갈까도 생각했는데 다행이다. 내일 아침 다시 중산리로 가보자. 어떻게 갈까? 차도 없고…

벌교역

065일차　14.11.22.(토)

중산리 일몰전망대 ~ 우천리 용암마을

'지붕없는 미술관' 그대로의 고흥

▷ 들머리	중산리 일몰전망대			
1구간	06:30–08:10	민등지석묘군	6.4km	100분
2	08:30–10:20	신곡리 신기교	6.7km	110분
3	10:40–11:40	강산리 등산로 입구(강산삼거리)	4.0km	80분
4	11:50–13:40	남포미술관	6.9km	110분
5	14:00–16:00	남열해수욕장	6.4km	120분
6	16:10–17:00	우주발사전망대	1.9km	50분
▷ 날머리	17:30–18:20	우천리 용바위	2.5km	50분
▷ 합계			34.8km	620분
▷ 숙소	우천리 57–14 마선애 님 자택			
▷ 비용	조식, 중식 빵·우유(2) 5,000원/민박 및 석식 35,000/콜택시 10,000/우주전망대 2,000원/ 計 52,000원			

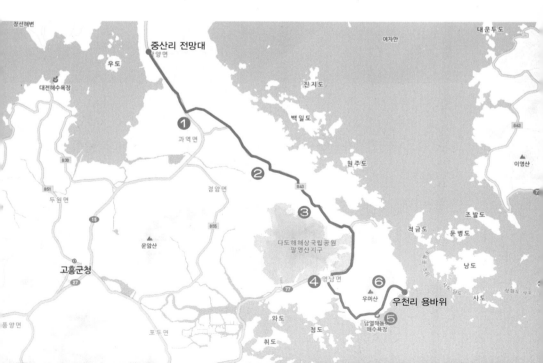

아침 일찍 진영각모텔을 나서니 안개가 너무 자욱하다. 모텔 옆 택시회사에 부탁, 콜택시로 일몰전망대로 가다. 공사 중인 2차선 도로를 거쳐 다시 내려오는 길이 안개 때문에 앞이 잘 보이지 않는다. 비상 경광등을 흔들면서 걷는다. 과역리 민등지석묘는 청동기시대 고인돌 군으로 전남기념물 161호이며 56기가 민둥마을에 위치하고 있다. 고흥반도에는 2,000기가 넘는 남방식, 개석식 지석묘가 분포한다. 팔영산을 끼고 843번 도로를 걷는데 도로에 차가 별로 없어 걷기 편하다. 남포미술관(폐교를 미술관으로 활용.)의 김낙봉 목가구 작품이 나무에 생명을 불어넣어 작가의 섬세함을 느끼게 한다.

남포 미술관 김낙봉 목가구 작품

나로호 우주선 발사광경 조망이 훌륭한 남열해변과 어우러진 절벽 위 전망대까지 나무 계단이 해수욕장과 연결되어 풍광이 뛰어나다. 우주선 발사전망대 7층에서 진한 커피 한잔으로 300여 계단을 오르느라 흘린 땀을 식힌다. 전망대에서 바라보며 62일 차, 나흘 전 떠나온 백야도가 손에 잡힐 듯 가깝다. 전망대에서 용바위 조그만 어항에 이르는 해안 오솔길이 무척 가파르다. 고흥 6경 용바위는 흡사 푸른 유리 쟁반에 담은

남열 해수욕장

복숭아를 닮은 형상인데 낚시꾼과 기도자의 치성 장소로 유명하다.

우주발사 전망대

양사리에서 남열리 남열해수욕장으로 가는 5km 고갯길은 자전거 라이더가 즐겨 찾기에 정말 환상적인 코스이다. 고흥이 스스로 알리는 '지붕없는 미술관'이란 이름에 걸맞게 고갯길에서 점점이 바라다보이는 섬의 열병식 퍼레이드! 첨도, 비사도, 대옥태도, 소옥태도…. 해무가 드리워진 해창만의 일몰이 기대된다. 저녁은 전망대 휴게실 아주머니가 소개한 자신과 올케 사이라는 용암마을의 민박집(마선애 님, 68세)을 소개해 찾았는데 음식 솜씨가 달인의 경지에 이르렀다. 서대, 병어조림, 꽃게 탕탕이 게장(?), 콩밥 등등 아침까지 부탁드렸다. 소주 잘 마시는 주인할머니와 원샷 3잔 끝. 주인 할머니는 멸치어장에 밤일 나간다. 주택 1채… 나보고 혼자니까 잘 놀다가 집 잘 지키란다. ㅎㅎㅎ. 잘 자겠지!!

우천리 용바위

066일차 14.11.23.(일)

우천리 용암마을(영남면 우천리) ~ 엄남마을회관

우주강국의 꿈 나로도 우주센터

▷ 들머리	우천리 용암마을			
1구간	06:30~07:50	신성삼거리	5.3km	80분
2	08:00~08:50	영남파출소	3.3km	50분
3	09:00~09:50	만호삼거리	3.2km	50분
4	10:00~11:00	별나로마을 입구	4.1km	60분
5	11:10~12:00	옥강삼거리	3.0km	50분
6	12:10~13:40	남성삼거리	6.3km	90분
7	14:00~15:20	동일우체국	5.1km	80분
▷ 날머리	16:10~17:30	엄남마을회관	7.3km	110분
▷ 합계			37.6km	570분

▷ 숙소   동백장(봉래면 신금리 878-170, 061 835 0100)

▷ 볼거리 팔영산, 마복산, 나로 1, 2대교

▷ 비용   조식(민박 백반) 5,000원/빵·우유·오징어땅콩 4,000원/콜택시 10,000원/중식 8,000원/옥
         강(라면.커피.빵)/숙박 동백장 25,000원/석식 13,000 서울식당(조림정식, 소주)/計 65,000원

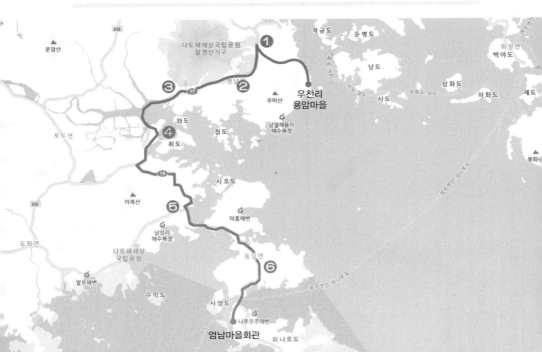

고흥 8경 마복산(535m)은 고흥 1경 팔영산(609m)과 더불어 고흥반도의 동쪽 준령을 이룬 명산이다. 산허리를 감고 돌아 3㎞에 이르는 해창만 제방도로를 시원한 바람 맞으며 걷는다. 제방 오른쪽에 캠프장이 넓다. 일요일이라서 제법 많은 차량이 모여 있다. 해창마을을 벗어나 마복산 줄기를 감아 도는 도로는 나로도까지 폭 좁은 국도라서 오가는 차량에 바짝 긴장한다. 마복산은 금강산을 닮아 小皆骨山(소개골산)이라고도 불린다.

해창만간척지 공원

드디어 고흥반도의 우주센터가 자리한 나로도에 들어선다. 내나로도, 외나로도는 연륙교로 연결되기 전 모든 물산이 고흥읍보다 여수로 교통 된 섬이었는데 95년도 나로 1, 2교가 개통되어 고흥반도로 연결되었다. 힘든 하루, 면사무소 옆 오래된 동백장모텔은 1층에 목욕탕까지 갖추고 있고 홀수일자에 영업하는데 여관투숙 손님은 공짜다. 명절 때 난리통인 어릴 적 시골 목욕탕이 생각난다. 아픈 발바닥을 푹 삶아(?) 본다. 저녁은 나로도 항구 서울식당에서 해결하였다.

별나로 마을

마복산 등산로

나로2대교

067일차　14.11.24.(월)

엄남마을회관 ~ 발포해수욕장

이충무공 수군 첫 부임지, 발포해변

▸ **들머리**	엄남마을회관			
1구간	07:00–08:00	예내리 봉래초교	4.0km	60분
2	08:10–09:20	우주센터	5.0km	70분
3	09:50–10:10	봉래교차로	(8.2km)	(차량)
4	10:10–10:40	나로2대교	2.0km	30분
5	10:50–11:50	백양초교	3.6km	60분
6	12:00–13:00	나로1대교	4.0km	60분
7	13:20–14:10	남성마을 입구	3.0km	50분
8	14:30–15:30	석수포삼거리	3.9km	60분
▸ **날머리**	15:40–16:40	발포해변	3.3km	60분
합계			28.8km	450분

▸ **숙소**　햇살파크모텔(도화면 발포리 65–16, 061 835 0500)

▸ **볼거리**　발포역사전시체험관

▸ **비용**　조식 현미밥 2,500원/중식 빵·우유 3,000원/소주 3,000원/석식 백반정식 8,000원/커피
1,000원/숙박비 30,000/計 47,500원

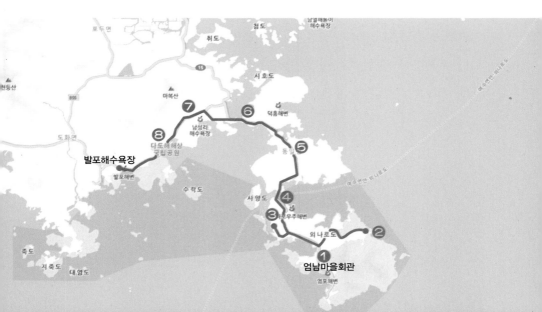

목욕탕이 있는 여관이라 방이 후끈후끈 뜨거워 피로가 싹 가신다. 여관에서 현미밥으로 죽을 만들어 든든히 아침을 먹고 우주센터로 향한다. 가파른 고갯길은 등산 수준이다. 봉래산 고개 위에서 바라보는 내나로도, 외나로도는 섬이 길쭉하고 살찐 닭발처럼 생겼다. 예내리 고개를 넘어서면 내리막이 몇 구비인가? 바닷가를 정비하고 작업하여 나로우주센터, 과학관, 발사대를 갖추었다. 광장에는 로켓모형이 있고 멀리 산 위에는 실제 발사장소라지만 통제구역이다. 아뿔싸, 과학관도 출입금지(월요일은 휴무), 어쨌든 고흥반도의 최남단 해변에 섰다!

고흥 우주센타

나로1대교
Naro 1(il)gyo (Br)

다시 왔던 길을 되돌아 나가려니 한숨만 나온다. 고갯길이 장난 아닌데… 마침 우주센터 직원이 나로항으로 나간다기에 신세 진다! 참 고맙다. 봉래교차로에서 다시 길을 걸어 나로2대교, 나로1대교를 거쳐 남성마을 저수지에서 한숨 돌린다. 발포마을은 이충무공이 36세의

나이로 1580년 발포만호로 부임하면서 처음 수군으로 근무한 곳이다(18
개월 근무). 이곳에 2011년 4월 역사 전시체험관이 세워졌다.

　일기예보가 맞나 보다. 가랑비에 옷 다 적신다. 발포해변의 햇살파크모
텔에서 쉬기로 한다.

성두도 해변

남성리 해수욕장

068일차　14.11.25.(화)

발포해수욕장(고흥군 발포리 도화면) ~ 소록도병원(도양읍 소록리 212-6)

한센인의 피와 눈물의 땅 – 사슴을 닮은 소록도

▹ 들머리	발포해수욕장			
1구간	06:30–07:40	도화면 충무회관	4.5km	70분
2	08:30–10:30	풍양면 풍남초교	7.7km	120분
3	10:40–12:40	오마리 한센인 추모공원	7.9km	120분
4	12:40–13:00	녹동신항	(7.4km)	분
5	14:30–14:50	소록도 병원	(6.7km)	분
▹ 날머리	15:00–17:30	녹동신항	8.5km	150분
▹ 합계			28.6km	460분
▹ 숙소	도덕면 오마리 이주영 님 댁			
▹ 비용	조식 충무회관(061 832 6967) 백반 7,000원/중식 녹동 간장게장 백반 24,000원/소주(2) 6,000원/석식/計 37,000원			

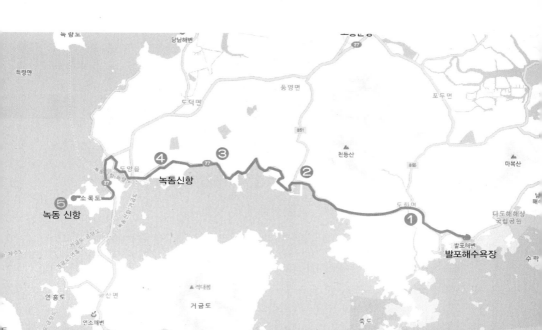

아침 일찍 비 그치고 해무가 짙은 길을
걸어 도화면 소재지에 들어섰다. 길옆 충
무관에서 먹은 아침 백반정식이 훌륭하
다. 도화면 가화리에서 시작된 해안도로
를 삼십리에 걸쳐 왼쪽으로 바다 건너 거
금도를 바라보며 걷는다. 문득 제방이 나
타난다. 4.6㎞에 이어진 제방은 한센인(문
둥병 환자)이 피와 문드러진 손발로 제방
을 쌓아 농토를 만들고는 다시 소록도에
감금당하고 거세된 애환의 역사가 서려있

소록도

다. 오른쪽에는 벼 베기가 끝난 논이 황량하게 나그네를 맞이한다.

한센인 추모공원에 올랐다가 가파른 내리막길에서 발목이 약간 삐끗했
다. 마침 지나가는 트럭이 녹동신항까지 바래다준다. 고마움에 점심을
샀다. 통성명하니 54세 이주영 님과 친구 한 분인데 자전거 여행과 마라
톤을 좋아하는 부산에서 귀농한 자연인이다. 반백의 머리 탓에 나이 들

오마리

어 보이지만 피부가 깨끗한 장년이다. 소록도 병원까지 태워준다. 소록도 는 섬의 생김새가 작은 사슴을 닮아 지어진 이름이라고 전해지는데 고 흥 8경 중 2경으로 꼽힌다. 해변길 전체가 송림으로 도열하고 반송, 호 랑가시나무, 동백, 당종려나무, 금목서 등이 곳곳에 심어져 자태를 뽐낸 다. 오죽 경관이 뛰어났으면 1930년대 일본관리들이 일본, 대만, 전라 도 완도 등지에서 빼어난 나무와 기암괴석을 들여와 한센인의 노동력으

한센인 추모 공원

한센인 간척지

로 소록도 중앙공원을 만들었을까? 이주영 님이 일보고 나서 저녁에 녹동신항으로 데리러 왔다. 그리고 근처의 또 다른 친구와 고흥 라이브 카페로 안내했다. 오랜만에 양주에 못 부르는 노래까지, 발도 괜찮다. 파스 탓인가? 기분 탓인가? 하룻저녁 이주영 님 댁에서 신세 진다.

소록도 전경

069일차　14.11.26.(수)

소록도병원 ~ 일정리 입구

환선형도로가 멋진 참 순수한 섬, 거금도

▷ 들머리	소록도병원			
1구간	08:00–10:00	김일체육관	8.4km	120분
2	10:20–11:30	익금해수욕장	5.1km	70분
3	11:50–13:40	오천 몽돌해변	6.8km	110분
4	14:00–15:10	신평리 명천교	5.3km	70분
5	15:30–16:20	월포 농악전수관	3.6km	50분
6	16:30–18:00	일정리 입구	5.1km	90분
▷ 날머리	18:10–18:20	신촌교차로	(2.8km)	(자동차)
▷ 합계			34.3km	510분

▷ 숙소　　도덕면 오마리 이주영 님 댁

▷ 비용　　조식 이주영 님 명태해장국/중식 빵, 요구르트, 배, 커피 8,000원/석식 이주영 님 돼지목살
　　　　　찌개/計 8,000원

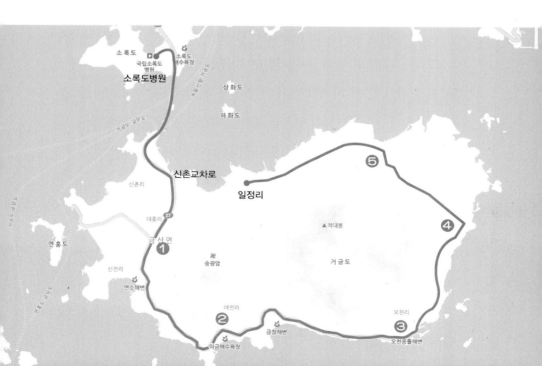

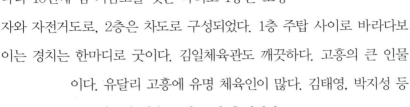

아침에 소록도공원 주차장으로 이주영 님
이 데려다준다. 거금대교(2,028m, 2011년
12월 16일 개통)는 아픔의 섬 소록도와 우리
나라 10번째 섬 거금도를 잇는 다리로 1층은 보행
자와 자전거도로, 2층은 차도로 구성되었다. 1층 주탑 사이로 바라다보
이는 경치는 한마디로 굿이다. 김일체육관도 깨끗하다. 고흥의 큰 인물
이다. 유달리 고흥에 유명 체육인이 많다. 김태영, 박지성 등
월드컵 영웅도 이 고장 출신이다.

적대봉(592m)을 바라보며 해안 환선형도로가 거
금도를 한 바퀴를 감아 돈다. 국도 27호선은 34.4
km 해안으로 이어진 외길도로를 거치지 않고 정겨
운 마을 거금도 오천항에서 보성, 순창, 임실, 전주,
익산, 군산으로 나아간다. 거금도는 갯바위 낚시터, 조
용한 해수욕장이 곳곳에 자리한 참 순수한 섬이다. 도시와
는 괴리된 소록도의 아픔을 건너뛰고 거금도의 자연을 안아본다. 배낭
무게를 줄이고 섬 한 바퀴를 마저 돌기 전에 어두워진다. 아쉽다. 3㎞ 정
도 못 돌았다. 이주영 님이 데리러 온다. 고마운 분이다. 오늘 하루 또
신세 진다. 돼지고기를 선물 받았다고 찌개 끓이겠단다. 즐겁다.

거금도 생태공원

국도 27호선 시점 오천항

김일 기념 체육관

070일차　14.11.27.(목)

녹동신항 ~ 과역농협(과역면 과역리)

금계포란형 고흥반도

▷ 들머리		녹동신항		
1구간	07:30–07:50	우주천문과학관	(5.7km)	자동차
2	08:00–08:20	김태영 축구장	(4.9km)	자동차
3	08:30–09:30	도덕면사무소	4.7km	60분
4	09:40–11:30	풍양면사무소	7.2km	110분
5	11:50–13:50	고흥향교	7.6km	120분
6	14:30–15:00	고흥종합병원	2.2km	30분
7	15:10–16:20	운대교차로	4.9km	70분
▷ 날머리	16:30–18:00	과역농협	5.8km	90분
▷ 합계			32.4km	480분
▷ 숙소		진영각모텔(061 835 5040) 64일 차 숙소		
▷ 볼거리		고흥향교		
▷ 비용		조식 녹동신항 대원식당 백반 6,000원(061 842 5018)/중식 고흥시장 골목 팥죽 6,000원/ 햇반, 사과, 감, 아몬드 11,000원/석식 우동 4,000원/숙박비 30,000원/計 57,000원		

녹동신항 대원식당의 백반은 훌륭하다. 김치 종류 3가지, 간장게장, 고등어구이, 계란 후라이, 조갯국, 콩나물국, 시금치 등 10가지가 넘는 반찬에 밥 한 그릇 뚝 딱! 예정에 없던 우주천문과학관이 있는 용정리 뒷산 도로, 왕복 10여㎞를 이주영 님이 드라이브! 과학관은 오후 2시 개관한다고 하니 다음 기회에 고흥반도 일몰 여행 시 와보자. 도덕면을 지나면서 동네 이름이 묘하다. 관리, 도덕리 등 유교적 냄새가 난다.

추억의 거리 탐방로

고흥 읍내거리

　고흥은 살이 오른 토종닭 형상의 지형이다. 닭 머리 부분이 동강면, 대서면이고 목 부분이 남양면, 과역면이고 앞가슴 쪽이 점암면, 영남면이며 닭발 부분이 동일면, 봉래면이다. 배 부분이 포두면, 도화면, 가슴

고흥 홍교

부분이 풍양면과 고흥읍, 꽁지 부분이 도덕면, 도양읍이고 계란 부분이 거금도 금산면⋯ 산란의 고통이 남긴 섬이 소록도라 표현하면 너무 이상한가? 내나로도, 외나로도가 연륙교로 이어져 알 낳고 크게 울음 우는 암탉의 형상이라고 혼자 생각해본다. 대표적인 금계포란형의 지세이다.

고흥은 『書記』(서기)를 엮은 백제 국사 고흥과 그 이름이 같다. 고흥은 인구 7만의 2읍 14면에 175개의 부속 섬을 거느리고 있는 지역으로 우리나라 10번째 섬인 거금도와 최첨단 과학의 결정체 우주센터가 나로도에 있다. 고흥반도는 개펄이 많다. 개펄농사는 땅농사보다 훨씬 소득이 높다. 꼬막, 바지락, 파래 등 무궁무진한 해산물의 보고다. 90살 꼬부랑 할머니 손에 쥔 호미는 돈 캐는 도구다!

향후 고흥이 여수와 완도를 잇게 되면 우리나라 최중심 휴양도시, 과학도시가 되지 않을까 생각하며 닭 목 부분 과역에서 64일 차에 이어 70일 차 밤을 보낸다.

고흥 유희

071일차 **14.12.01.(월)**

과역농협 ~ 고흥군 대서면 안남리 신기리 복지회관

인물의 산실, 고흥

▷ 들머리	과역농협			
1구간	08:00~10:10	중산 일몰전망대	8.1km	130분
2	10:30~11:30	금곡마을 입구	3.4km	60분
3	11:40~12:40	대서면사무소	4.2km	60분
▷ 날머리	14:00~15:10	신기리 복지회관	4.6km	70분
▷ 합계			20.3km	320분

▷ 숙소   신기리 복지회관(고흥군 대서면 안남리)

▷ 비용
11.28 과역~벌교~순천~서울 23,550원
11.30 남부터미널~하동 24,000원
중식 대서면사무소 앞 식당 김치찌개, 소주 10,000/간식 복지회관 간식 15,000원(소주, 안주, 과자)/計 72,550원

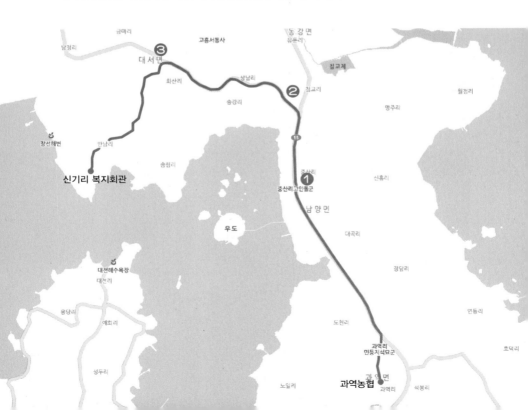

서울에서 이틀 쉰 후 일기예보만 믿고 비 오는
서울을 뒤로하고 하동으로! 교통이 불편한 고
흥 땅 과역까지 바래다주는 동생이 한없이
고맙다. 직장선배 송형주 님의 소개로 사촌
동생 송상점(63세) 님이 복지회관에 잠자
리를 마련해준다. 오늘로 고흥 땅 7일의 여
정이 끝이다. 내일은 보성 땅으로! 석식을 준비

하려는데 송상점 님이 장어탕에 소주 한잔 하잔다.
고마운 분이다.

중산 일몰 전망대

　고흥의 인물 자랑이 듣기 좋다. 김일, 박지성, 김태영… 대서면에는 사
법·행정고시 출신이 38명이나 된단다! 특히 송씨 집성촌이 마을을 이끌
고 있다. 부촌이다.

신기리 회관

신기거북이 마을

송상점 님과

072일차   14.12.02.(화)

신기리 복지회관 ~ 율포해수녹차탕

은빛 모래, 해송, 해수탕, 삼박자를 갖춘 율포해수욕장

▷ 들머리	신기리 복지회관			
1구간	08:00~09:20	제2 수문교	5.2km	80분
2	09:30~11:50	비봉 공룡알화석지	9.0km	140분
3	12:20~14:10	화당마을 입구	6.6km	110분
4	14:30~15:30	신촌마을 입구	3.2km	60분
▷ 날머리	15:40~16:40	율포해수녹차탕	3.3km	60분
▷ 합계			27.3km	450분

▷ 숙소   용궁모텔(보성군 회천면 율포리, 010 3896 5188/061 852 9998)

▷ 볼거리   제암산 휴양길, 서재팔기념관

▷ 비용   조식 연잎밥/중식 고구마/간식 6,000원(우유, 커피, 새우깡)/석식 순두부찌개 8,000원/숙박
비 30,000원/計 44,000원

장선도 노두길

아침에 복지회관에서 하동 동생이 마련해준 연잎찰밥을 데워 요기하고 도보길을 나선다. 장선해변을 지나 간척지 뚝방길 해평리 갈대밭이 잘 정돈되어있다. 비봉 공룡알 화석지까지 삼십리가 넘는다. 강풍이다. 특히 바닷바람은 매섭다. 한반도 남해안은 약 1억4천5백만년 전~6천5백만년 전 세계최대 규모의 공룡의 서식지였다. 경남, 전남 해안가(여수, 보성, 고성 등) 거의 모든 곳에서 백악기 공룡들의 화석이 발견되고 있어

득량만 갈대밭길

비봉 공룡알 화석지

서 세계문화유산으로 등재하기 위해 노력하고 있다. 오후 늦게 율포 해
안가를 걸어 보니 우리나라 해수욕장 규모로서는 상당히 큰 규모이다.
깨끗한 은모래, 해송, 해수녹차온천탕까지 갖추어져 있다. 보성군의 자
랑이다.

비봉 공룡알 화석지

다향로 지압길

073일차 **14.12.03.(수)**

율포해수욕장 ~ 천관회관(장흥군 관산읍 방촌리 578-1)

닭벼슬처럼 솟은 장흥 천관산 바위

▷ 들머리	율포해수욕장			
1구간	06:20—08:20	수문해변	8.4km	120분
2	08:40—10:30	안양면사무소	7.1km	110분
3	10:50—11:20	용산면 차동리삼거리	2.3km	30분
4	11:40—13:30	정남진굴구이(소등섬굴구이)	7.1km	110분
5	15:30—16:40	죽청리 신월 입구	4.5km	70분
▷ 날머리	17:00—18:20	천관회관	5.4km	80분
▷ 합계			34.8km	520분
▷ 숙소	천관모텔(방촌리 061 867 8860)			
▷ 볼거리	수문해수욕장. 천관산			
▷ 비용	조식 고구마/중식 굴구이. 멧돼지 고기/커피 2,000원/석식 김치찌개(천관회관 7,000원)/숙박 30,000원/計 39,000원			

72, 73일 차 고흥군 신기마을에서 끝없이
이어지는 득량만, 보성만 해변길을 때마침
불어 닥치는 강풍을 마주하며 방한모를
쓰고 걷는다. 눈이 이곳을 피해 서울,
충남북, 전남북 지역에 골고루 내리는데
천관산이 북서풍을 막아준다. 장흥 땅 수
문해안이 예쁘다. 길 양쪽에 종려나무 가로
수가 이십리에 걸쳐 안양면으로 이어진다.

장흥 수문리

　정남진이 있는 상발리에 들어서서 배가 고파 식당을 찾으니 바닷가 소
등섬이 가까운 굴구이집의 주인이 직접 수렵 허가를 받아서 사냥한 멧

정남진 소등섬

굴구이

돼지 고기와 굴구이를 대접한다. 공짜? 알고 보니 전역한 장군 출신 58
년생 박노철 님 통성명에 소주는 내가 쏜다! 또 한명의 친구 역시 예비
역 대령 출신 57년생 유현동 님! 관산읍으로 가는 발걸음이 가볍다. 취
중에 천관산을 바라보니 산 머리에 수줍게 닭벼슬처럼 솟은 바위군이
아련하다. 각계의 유혹을 뿌리치고 고향 마을에 돌아와 사진 활동을 취
미로 굴구이집을 아틀리에로 꾸민 박장군의 솜씨가 놀랍다.

박노철 님과

유현동 님과

074일차   **14.12.04.(목)**

천관회관 ~ 고금국민체육센터(완도군 고금면 덕암리 609)

문림의 고장, 장흥

▷ 들머리	천관회관			
1구간	08:30–08:40	방촌유물전시관	0.5km	10분
2	09:00–10:50	관흥삼거리	7.1km	110분
3	11:00–11:40	대덕읍 연지 교차로	3.2km	40분
4	11:50–13:20	신리삼거리	6.5km	90분
5	13:50–15:20	마량항	6.1km	90분
6	15:40–16:20	대교휴게소	2.7km	40분
7	16:40–17:20	가교리 고인돌공원	2.6km	40분
8	17:20–17:30	고금면사무소	(3.8km)	분
▷ 날머리	17:30–17:50	고금국민체육센터	0.9km	20분
▷ 합계			29.6km	440분

▷ **숙소** 대성장(061 554 6002.3/고금면에서 유일)

▷ **볼거리** 방촌유물전시관, 제암산(807m), 사자산(666m), 천관산(723m)

▷ **비용** 천관회관 백반 7,000원/석식 갈비탕 7,000원/중식 빵·우유 3,000원/숙박비 25,000원/커피 2,000원/計 44,000원

오늘 천관회관에서 백반으로 요기하고 근처 방촌유물전시관에 들렀다. 원래 9시 개관인데 진눈깨비 날리는 날에, 일찍 온 손님이라고 직원 아가씨가 관람을 허락한다. 조선 후기 호남의 3 천재로 불린 실학자 존재 위백규 선생의 유물과 장흥위 씨의 집성촌 방촌마을의 2,000여 점의 유품, 자료를 모아둔 곳이며, 그는 학자이면서 천문, 지리, 역학에 능했으며 농사도 직접 지었다. 또 마을사람들과 무기계(시기, 질투없는 마을)도 조직하고 농경을 장려하는 향촌 모임으로 사강회도 만들었다. 순창의 여암 신경준(1712~1781), 고창의 이재황윤석(1729~1791), 장흥의 위백규(1727~1798)를 3천재 실학자라고 한다. 고려의 목은 이색, 조

선의 영천자 신장, 노봉 민정중 등이 장흥으로 유배 와서 후진을 지도하여 장흥을 문림의 고장으로 만들었다.

장흥 땅을 걸으며 오랜만에 추수 끝난 논 자락, 쪽파 생산이 한창인 밭이랑을 쳐다보며 걷는다. 마을에는 어김없이 유자나무가 길손을 반긴다. 장흥 땅은 남북으로 길게 이어지고 행정단위는 3개 읍 7개 면으로 인구 4만여명에 불과하다. 강진군의 끝자락 마량항에서 짧은 시간 강진 땅 밟기를 아쉬워한다. 마량은 '말을 건너 주는 다리'라는 지명이다. 옛날 탐라국이 신라국에 조공목적으로 말을 실어오면 방목하던 곳이 탐진 땅, 즉 마량 땅이다. 이를 기념하여 돌하르방이 해변공원에 전시되어 있다. 장흥 출신 문인은 기봉 백광홍, 존재 위백규, 이청준 등 수없이 많다.

마량항

마량항

　마량항을 뒤로하고 고금대교를 건넌
다. 다리아래 조류가 굉장히 빠르다. 시속
20～30㎞는 되어 보인다. 강진군 마량면과
완도군 고금면을 이어주는 길이 760m인 고금대
교 건너 휴게소에서 가스, 커피를 사고 아이스 바를 먹
다. 시원 얼얼(?)하다. 가교리에 이르러 강풍에 폭설이 날려 앞을 가린다.
마침 지나가던 승용차가 친절하게 세워서 태워준다. 고금면 예비군 중대
장과 방위병으로 근무하는 청년이다. 친절하다. 숙소까지 가르쳐준다.
잘못하면 고금대교 건너 마량항까지 되돌아갈 뻔했다. 고금면 소재지에
서 모텔이라고는 한 곳뿐이다. 민박도 없는 곳이다. 그런데 싸고 친절하
다. 기분이 좋은 하루!

고금대교

075일차　14.12.05.(금)

고금국민체육센터 ~ 원동선착장(완도군 군외면 원동리)

203개의 섬을 거느린 항거의 고장, 완도

▷ 들머리	고금국민체육센터			
1구간	07:50–09:40	상정리선착장	7.3km	110분
2	09:50–10:00	상정–송곡카페리/송곡선착장	km	분
3	10:10–11:10	신지대교 휴게소	3.7km	60분
4	11:20–12:40	장보고기념관	5.2km	80분
5	13:00–13:40	청해진 유적지(장도)	2.0km	40분
6	14:00–15:20	영풍마을 입구	5.4km	80분
7	15:30–16:20	남선리 노인회관	3.3km	50분
▷ 날머리	16:30–17:30	원동선착장	3.3km	60분
▷ 합계			30.2km	480분

▷ 숙소　파레스모텔(061 555 5338, 군외면 원동리)

▷ 볼거리　신지도 명사십리해수욕장, 장보고 기념관

▷ 비용　조식 햇반/석식 원동 정육식당 김치찌개 10,000원/소주 3,000원/중식 고구마/ 숙박비 30,000원/計 43,000원

밤새 눈이 와서 숙소 밖 저수지 둑에 소롯이 쌓여있다. 고금도의 끝자락 상정선착장에서 건너편 신지도 송곡선착장까지는 정확히 6분 소요되는 1.5km 바닷길이다. 신지도와 고금도를 연결하는 다리 공사는 교각과 철탑 공사가 마무리되고 상판만 얹으면 될 모양새이다. 이 다리가 완성되면 강진군−고금도−약산도−신지도−완도−해남으로 이어지는 섬들이 보성만을 끼고 다도해를 품게 된다. 바깥으로는 노화도, 보길도, 소안도, 청산도가 남해의 거친 파도를 막아주는 복 받은 곳이 만들어지고 있다. 완도(莞島)는 해안선 길이 64km로 빙그레 웃을 완(莞)을 쓰는 부자 섬이다.

고금도−신지도 카페리

통일신라 시대 장보고라는 불세출의 영웅이 청해진을 설치(흥덕왕 3년 828년)했고 김, 미역, 전복의 전국 최다 생산지인 완도는 고금도, 신지도, 보길도, 청산도 등을 거느린 3읍(금일읍, 노화읍, 완도읍) 9면의 203개 섬을 가진 우리나라 7대 섬이다.

예부터 육지로부터 격리된 남해의 여러 섬들은 당쟁의 여파로 권문세

청해진 유적지(장도)   장보고 기념관

가 학자의 귀양살이 코스였다. 정약용은 흑산도로 유배되었고, 윤선도
는 보길도로 유배되어 그곳에서 생활하다 85세(1671년)에 부용동에서
생을 마감했다. 완도는 섬 지역이기에 관리들의 수탈이 심하여 이에 맞
선 항거의 역사를 지니고 있으며, 1920년 소안도 항일운동 등도 이의 연
장선이었다.

　아침부터 오후 늦게까지 고금도, 신지도를 건너 완도의 동쪽 해안을 끼
고 돌았다.

원동 선착장, 완도대교

076일차 14.12.07.(일)

장보고어린이공원(청해진어린이공원, 완도군 완도읍 죽청리) ~ 원동선착장(완도군 군외면)

윤선도의 이상향 어린 보길도를 품은 완도

▷ 들머리	장보고어린이공원			
1구간	08:30–09:50	완도선착장	5.6km	80분
2	10:00–11:00	완도타워	0.6km	60분
3	11:00–12:30	정도리 몽돌해변(구계등)	5.8km	90분
4	12:40–13:40	화흥포항	3.7km	60분
5	13:50–14:40	청해포구 촬영지	3.0km	50분
6	14:50–15:30	갯바람공원	2.7km	40분
▷ 날머리	15:40–17:30	원동선착장	7.1km	110분
▷ 합계			28.5km	490분

▷ 숙소 파레스모텔

▷ 볼거리 보길도(세연정, 동천석실, 낙서재), 정도리 구계동

▷ 비용 원동 기사식당(061 553 0500) 조식 백반 8,000원/중식 고구마/우유 1,500원/석식 머리곰
탕 8,000원/숙박비 20,000원/計 37,500원

어제(토)는 하동 동생이 격려차 완도로 와서 보길도 여행을 하였다. 화흥포항에서 40분 카페리로 노화도 동천항으로 건너가서 보길대교를 건너 2㎞ 가면 보길도의 세연정을 만난다. '어부사시사'를 탄생시킨 고산 윤선도의 이상세계가 설계된 유희의 공간이다. 후학들에게 독강으로 지치면 악공과 무희와 더불어 연못에 배 띄우고 신선을 꿈꾸던 곳이다. 차 마시고 시를 읊던 산자락의 동천석실, 생활공간이었던 낙서재, 이 모두 고산 윤선도(1587~1671)의 삶과 작품세계이다. 휴식이 뜻깊은 보길도 여행이었다.

세연정

낙서재 　곡수당 　동천석실

莞島(완도)는 소백산맥의 지맥인 해안산맥의 침강으로 생긴 섬인데 숙
승봉(461m)과 업진봉(544m)이 북쪽에 치우쳐 산지가 형성되고 남, 동
쪽은 소규모의 평야가 발달했다. 해안은 해식애가 발달했으며, 신라 흥
덕왕(828년) 때 장보고가 청해진을 설치하여 동북, 동남아를 아우르는
해상무역으로 활동했던 곳이다. 이러한 완도는 55개 유인도와 140여개
의 무인도가 동서남북으로 다도해국립공원을 이루고 있다. 장보고어린이
공원의 장보고기념관에서 완도 2일 차 해안바닷가를 끼고 완만하게 이
어진 나름 장보고의 땅(?)을 밟고 또 밟았다. (42.5㎞ 완도 한 바퀴)

완도 타워 전경

정도리 몽돌해변

완도에서 생산하는 김, 전복, 톳, 매생이 모두 국민 건강 먹거리로 애용되고 있고, 관광지로도 무궁무진한 입지여건을 갖춘 완도는 아름다운 섬이자 부자 땅이다.

전국을 돌면서 3일 동안 같은 장소에서 숙박한 곳은 파레스 모텔과 진도의 아리랑 모텔뿐이다. 마지막 3일 차는 만원 할인해주네, 야호! 이제 해남 땅으로 간다.

한 가지 아쉽다면 청해포구 촬영장 관람료가 5,000원으로 너무 비싼(?) 느낌이 드는 것은 나만의 생각일까?

청해포구 촬영장

077일차 14.12.08.(월)

원동선착장(완도군 군외면 원동리) ~ 땅끝전망대(해남군 송지면 송호리)

대한민국 희망의 시작점, 해남 땅끝

▷ 들머리		원동선착장		
1구간	08:30~09:30	남창 교차로	4.1km	60분
2	09:40~10:40	서홍지	4.1km	60분
3	10:50~12:10	영전해양파출소	5.0km	80분
4	12:20~13:30	사구미해변	5.0km	70분
5	13:40~14:10	해양자연사박물관	1.7km	30분
6	14:40~16:00	땅끝마을	5.6km	80분
7	16:10~17:00	전망대	(2.0)km	50분
▷ 날머리	17:00~17:30	땅끝마을	2.0km	30분
▷ 합계			27.5km	460분

▷ 숙소   하안집모텔(061 532 7338)

▷ 볼거리 해양자연사박물관, 도솔암

▷ 비용   조식 원동 기사식당 8,000원/중식 비스켓, 커피 3,000원/모노레일 3,500원(편도)/전망대입
장료 1,000원/석식 통닭, 맥주 19,000원/숙박 30,000원/計 64,500원

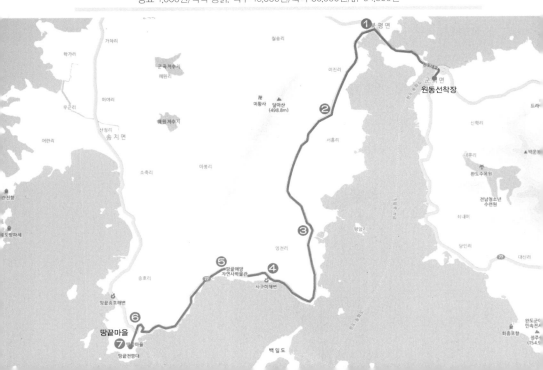

해양자연사 박물관

완도대교, 달도1교, 달도2교, 남창교를 건너 해남 땅으로 들어선다. 두륜산과 달마산이 오른편을 병풍처럼 막아선 해남 땅이다. 왼편 바다 건너 완도 땅을 쳐다보며 하루 종일 걷는다. 대한민국 땅끝이자 땅의 시작점인 해남 땅은 1읍 13개 면의 행정구역으로, 인구 7만7천여명이며 강진, 영암, 진도, 완도군에 접하고 있다. 사구미해안을 지나면서 풍광 뛰어난 언덕길이 눈을 시원하게 한다.

해양자연사박물관은 임양수 님이 30년 동안 원양어선 선장으로 근무하며 수집한 어류, 패류, 조류, 파충류, 포유류, 화석 등 약 4만 점의 진품을 박제 처리하여 전시하는 소중한 곳이다. 시골분교(폐교)를 활용하다 보니 너무 좁은 느낌이다. 전라남도, 해남군 단위의 전시관으로 꾸며졌으면 하는 바람이다.

땅끝전망대에 올랐다. 모노레일 타고(편도 이용) 전망대에 올라 육지의 최남단 갈두산 사자봉의 기운을 받는다. 옛날 봉수대 흔적은 없어졌으나 주위의 자연석으로 봉수대를 복원했다. 최남선의 '조선상식문답'에서 해남 땅끝에서 서울까지 천리, 서울에서 함경북도 온성까지 이천리, 합이 삼천리라 삼천리 금수강산이라고 했다. 땅끝이 대한민국의 희망의 시작점이길 빌어본다!

땅끝마을 전망대

078일차 **14.12.09.(화)**

땅끝마을 ~ 율동삼거리

송호해변 해송 숲의 아름다운 자태

▷ 들머리	땅끝마을			
1구간	07:00~07:40	송호해변	2.7km	40분
2	07:50~09:00	대죽삼거리	4.3km	70분
3	09:10~10:00	송지면사무소	3.0km	50분
4	10:10~11:30	믿음수산	5.7km	80분
5	11:50~13:30	삼호보건소	6.6km	100분
6	13:50~15:20	화산면사무소	5.9km	90분
▷ 날머리	15:30~16:50	율동삼거리	4.6km	80분
▷ 합계			32.8km	510분

▷ 숙소   서울

▷ 볼거리 송호해수욕장. 달마산. 미황사

▷ 비용   조식 현미마늘죽/커피 2,000원/중식 맛동산. 두유 2500/화산~해남 버스요금 1,200원/석식
          해남터미널 분식 6,000원/해남~서울 버스 34,400원/計 46,100원

　오늘은 9일 만에 서울 가는 날! 여러 즐거운 동호회 모임에서 오랜만에 보게 되는 친구들 생각에 일찍 일어나 모텔 창문을 조금 열고 코펠에 마늘 현미햇반죽을 끓여 먹고 일찍 길을 나섰다. 국토 도보 종주 컨셉이 가장자리로 걷기이기 때문에 해남의 유명한 절, 미황사와 두륜산 대흥사를 들리지 못해 아쉽다. 아쉬움은 메모해서 따로 시간 내어 들러볼 셈이다. 전남기념물 제142호 해송 숲이 약 1㎞ 해변을 감싸고 있는 송호해변이 아침 햇살에 아름다운 자태를 드러낸다. 이곳 송호해변은 평균 수온이 20℃ 정도로 따뜻하며 썰물 때는 갯벌에서 소라·고동 등을 잡고 밀물 때는 갯바위에서 낚시도 즐길 수 있어서 사시사철 휴양지로서 소문이 자자하다. 송지면 신정삼거리를 지나면 추수 끝난 논과 밭이 드넓다. 화산면에서 오늘 일정을 마무리하고 해남읍으로 향한다. 해남은 고천암 간척지 공사와 영산강 3-2지구 간척공사로 전남에서 최대의 면적을 가진 군이 되었다.

송호해변

고천암 방조제

기념물 제142호
해남 송호리 해송림
海南松湖里海松林
Haenam Songhori Black Pine Forest
Windbreak pine tree forest in Songho-ri, Haenam)

송호해송림

079일차   **14.12.21.(일)**

율동 삼거리(해남군 회산면 율동리) ~ 녹진버스터미널

소리 내어 우는 바다의 길목을 내려다보다

▷ 들머리		율동 삼거리(화산면 율동리)		
1구간	07:30–09:00	신정리회관 삼거리	6.7km	90분
2	9:20–12:00	우항리 공룡 화석지	5.9km	160분
3	12:00–14:00	옥동삼거리	8.1km	120분
4	14:20–15:50	우수영 교차로	6.6km	90분
5	16:10–16:30	우수영 여객선터미널	1.4km	20분
6	16:30–17:10	진도대교 휴게소	2.3km	40분
▷ 날머리	17:20–17:40	녹진버스터미널	1.2km	20분
▷ 합계			32.2km	540분

▷ 숙소   진도관광모텔(061 542 2122)

▷ 볼거리   녹우당, 우항리 공룡 화석지, 울돌목

▷ 비용   동서울–해남버스 34,300원/해남–녹우당 택시 6,000원/녹우당–해남 버스 1,200원/윤선
도기념관 1,000원/커피·두유 2,800원/삼각김밥(2) 1,600원/추어탕, 소주 10,000원/금호장
30,000원/소계 86,900원 // 분식 5,000원/해남–율동 버스 1,400원/공룡박물관 3,000원/
육개장, 소주 10,000원/소계 49400원 // 總計 136,300원

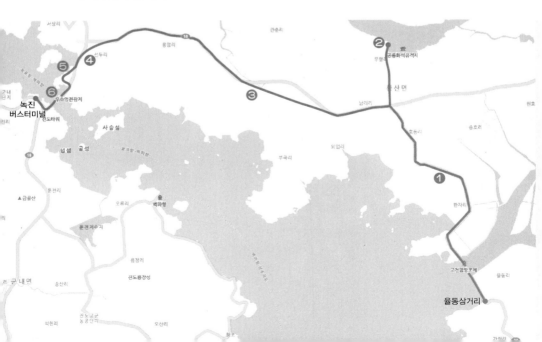

12.20(토) 동서울 출발 10시 10분, 목포 경유 해남도착 16:00, 바로 택시로 녹우당에 가다. 고산 윤선도의 증손자 공재 윤두서의 회화작품 등 해남 윤씨가의 가보 4,600여점과 국보 240호 공재 자화상 등 10여점의 보물을 둘러본다. 그다음 녹우당 뒤 덕음산 기슭의 종택과 수령 500여년의 400여 그루 비자나무 숲(천연기념물 241호)에 이는 바람 소리를 흠뻑 마신다. 실제로 어초은 윤효정(고산 윤선도의 고조부) 아래 연속 5년간 과거급제자 배출로 유명한 해남 윤씨 종가의 종택은 남인의 거두 윤선도가 서인의 거두 송시열과의 정쟁에 패하여 보길도로 은거하고 증손자 공재 윤두서가 이 녹우당을 갖추었으니 윤

두서 고택이 맞지 않을까? 사랑채, 안채, 사당으로 구성된 양반 가옥의 기본을 갖추었고 세부적으로는 실용적이라 하나 종택에 종손이 살림살이하니 허가 없이 녹우당을 살펴볼 수 없게 되어버렸다. 무척 아쉽다. 윤두서의 외증손자가 실학의 거목 다산 정약용이다.

일요일 새벽 금호장모텔(매우 낡았지만 방은 뜨거웠다) 바로 옆 터미널에서 율동마을로 버스 이동. 아침부터 눈발이다. 고천암호는 가창오리떼의 군무가 장관이지만 오늘은 호수가 조용하다. 2㎞ 길이의 방조제 너머로 진도 섬이 아련하다. 우항리 공룡 화석지는 세계최초의 익룡, 공룡 새 발자국 화석과 대형 초식공룡의 별 마크 발자국인 세계 최대의 익룡 발자국(20~35㎝), 세계에서 가장 오래된 8,300만년 전 물갈퀴 새 발자국 화석 등이 발견된, 세계적으로 학술적 가치가 매우 큰 유적지로서 시간 나면 꼭 다시 들러볼 만한 곳이다. 10년 넘게 호형호제하는 사이로 많은 후원과 조언을 해주고 있는 세무법인 다솔의 명영준 대표가 이곳 황산면 출신이다.

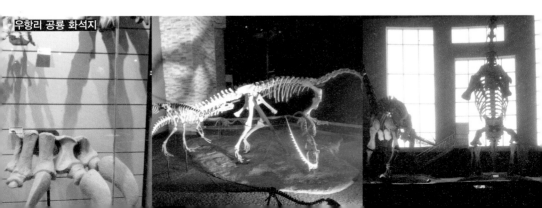

이제 해남 문내리의 끄트머리 명량으로 간다. 때마침 강풍에 눈마저 흩뿌리니 온 세상이 하얗다. 진도대교 아래 울돌목의 파도는 거센 격랑으로 하얗게 말려 홍수 만난 탁류처럼 먼바다로 세차게 달려나간다. 무섭다. 정유재란 때 이충무공이 12척의 배로 왜선 133척 중 31척을 격파한 울돌목 위에 진도대교가 있다. 울돌목이란 '소리 내어 우는 바다의 길목'이란 순우리말이다. 진도의 상징 진돗개가 진도대교의 표석으로 눈비 맞으며 지키고 있다. 진돗개 수컷이다. 늠름하다. 진도관광모텔이 비교적 깨끗하다. 할인받아 기분도 굿!

해남 우수영 관광지

강강술래길

법정스님 생가터

080일차 14.12.22.(월)

녹진버스터미널(군내면 녹진리) ~ 고야리 고야교

4대에 걸친 걸출한 남종화의 산실, 운림산방

▷ 들머리	녹진버스터미널			
1구간	07:00-08:50	신기회관	6.5km	110분
2	09:00-09:50	나리방조제 앞	3.1km	50분
3	10:00-11:30	전두1리 회관	5.4km	90분
4	11:40-12:50	쉬미항	4.3km	70분
▷ 날머리	13:00-15:00	고야리	8.1km	120분
	15:40-16:40	운림산방	(6)km	차량
▷ 합계			27.4km	440분
▷ 숙소	아리랑모텔(061 542 6812, 진도읍 남동리 507)			
▷ 비용	조식 마늘현미죽/운림산방 택시 10,000원/입장료 2,000원/운림-읍내 버스 1,300원/중식 신라면, 팥죽 3,000원/붕어빵 1,000원/맥주 2,000원/커피 2,000원/석식 통닭바베큐 10,000원/숙박비 30,000원/計 61,300원			

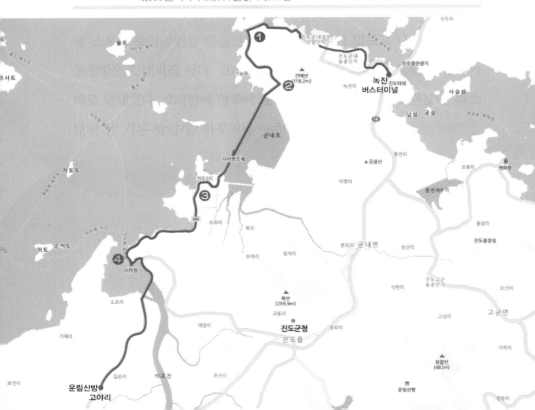

명량해협

아침 일찍 일어나 현미마늘죽으로 끼니를 해결하고 길을 나서다. 밤새 내린 눈이 끝없이 방조제에 쌓여있다. 한쪽으론 바다, 한쪽은 호수인데 개펄과 방조제 모두 전인미답의 눈밭이다. 오직 새벽에 부지런한 새, 짐승 발자국과 내가 지나간 발자국뿐이다. 십리 가까운 나리방조제가 조성되어 간척개발사업이 진행 중이다. 쉬미항은 조그마하다. 10여 척의 소규모 어선이 정박해 있고 주변의 주지도(손가락 섬), 양덕도(발가락 섬), 혈도(구멍 섬), 작도도(잠자리 섬) 등을 둘러볼 수 있는 관광유람선이 정박하고 있다.

나리방조제

1인분 점심을 제공하지 않는 횟집 1곳이 있을 뿐이다. 다행히 조그만 슈퍼 할머니가 동짓날이라고 팥죽과 신라면을 제공해 주신다. 고맙다. 진도의 대표적 농악 중 하나인 소포걸군농악의 시발지인 소포리에서 진도의 대표적 구전농악을 체험하는 것도 뜻깊다 할 것이다. 소포리를 지나 길은리에 도착하니 체험관은 단체에 제공된다고 한다. 1인이 쉬어갈 공간은 없다. 고야교 다리 앞에서 읍내로 나가는 소형트럭 아저씨가 고맙게 태워주겠다 한다! 고마운 분이다. 소포리, 길은리, 고갈리, 안치리 네 마을이 살기 좋은 농촌마을을 만들기 위해 뭉쳐서 소포 권역 푸르미 마을이란 이름을 만들었다고 한다. 읍내로 들어와 꼭 가보고 싶은 운림산방으로 택시 타고 달렸다(일금 1만원).

한국 남종화의 산실, 운림산방은 소치 허련(허유: 1808~1893)이 스승 추사 김정희가 타계하자 1856년 9월 고향 진도에 내려와 초가, 연못을 짓고 살았던 곳이다. 이후 1982년 허형의 아들 허건이 재건했고 2011

운림산방

년 국가명승지 제80호로 지정되었다. 소치 허련 아들 미
산 허형, 손자 남농 허건으로 이어지는 남종화의 가계인맥
이 존경스럽다. 해발 485m 첨찰산의 풍광을 뒤로, 작업
실인 운정각, 연못, 사당 운정사, 소치기념관, 진도 역사
관이 편안하게 자리 잡고 있어 여행객의 마음을 정갈하게
한다. 매주 토요일 오전 11시 운림산방에서는 남도예술은
행이 개최하는 한국화, 문인화, 서예작품 등을 경매하는
토요 경매시장이 열린다. 소치 허유와 4대에 걸쳐 걸출한

남종화의 화풍을 이어온 운림산방!
진도의 명성을 이어가길 기대한다.

진도는 토질이 좋아 월동작물인
대파 생산이 전국 소비량의 20%를
차지한다. 파 밑동의 흰 부분이 길
고 굵어 맛 또한 뛰어나다. 노란색
카레의 주원료인 신토불이 국내산 울금과 비타민 B, E가 일반 쌀의 4배
인 검정 약찹쌀(흑미)이 특산물이며, 특히 지산면 소포리, 길음리가 주
산지이다. 그 외 궁중진상품인 진도 홍주, 진도 구기자, 진도 돌미역(특
히 조도미역), 진도 김이 유명하다.

읍내로 들어와 버스터미널과 가까운 아리랑모텔에 여장을 풀었다. 주인
이 친절하고 방값도 5천원 할인! 무척 따뜻한 온돌방이다.

081일차   14.12.23.(화)

길은사거리(지산면 길은리)~서망항(임회면 남동리)

세월호 304명의 희생자 앞에 서다

▷ 들머리	길은사거리			
1구간	07:30~08:30	보전방조제	3.2km	60분
2	08:50~10:30	금노항	7.0km	100분
3	10:40~12:30	세방낙조전망대	7.7km	110분
4	12:50~14:10	심동저수지	5.3km	80분
5	14:20~15:30	팽목방조제 앞	5.1km	70분
6	15:40~16:50	진도 팽목항	3.5km	70분
▷ 날머리	17:00~17:20	서망항	1.4km	20분
▷ 합계			33.2km	510분

▷ 숙소   아리랑모텔(061 542 6812)

▷ 볼거리   세방낙조전망대

▷ 비용   터미널–길은 버스 1,600원/서망–진도읍 버스 3,100원/조식 현미죽 2,500원/소주 4,000원/커피 2,000원/중식 컵라면 1,000원/숙박 30,000원/감 1,000원/석식 백반 7,000원/計 52,200원

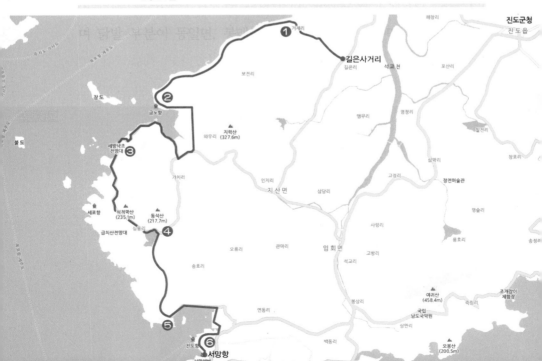

아침 5시 기상했다. 모텔 주인의 새벽까지 온돌방 보일러 가동(?)으로
온몸이 개운하다. 현미죽으로 끼니 해결하고 소포−길은리행 버스로 길
은리로 이동! 빼족산을 끼고 도는 보전리 바닷가 방조제 길은 인가도 없
는 길이 금노항을 지나서 계속 이어진다. 세방낙조전망대에 이르는 길이
꽤 가파르다. 세방낙조에 이르러 보니 멀리는 가사도 손가락 섬(주지도),
발가락 섬(양덕도), 가까이는 소장도, 장도, 잠두도 등 남해바다의 보석
같은 섬들이 포근한 내해를 안고 있어, 해 지는 저녁 일몰이 가히 환상
적일 거라 생각된다. 일몰을 구경하지 못하는 것이 못내 아쉽다.

팽목방조제를 지나 진도항에서 옷
깃을 여민다. 지난 4월 16일 세월호
참사로 채 피지 못한 안산 단원고 학
생 포함 304명이 희생된 대참사의
현장이다. 가슴이 먹먹하다. 방파제
를 수놓은 듯 빼곡 채운 노란 리본
의 의미는 과연 누구에게 무슨 의미

진도 팽목항

를 전달하는 것일까? 어른들의 무책임, 총체적 행정, 관리, 안전의식의 부재는 어떻게 고쳐져야 하는 것일까? 오래 있지 못하고 건너편 서망항으로 오니 7~8층, 해상교통관제센타(VTS)가 서 있다. 여기서는 세월호가 관할 해역인 진도해역에 진입한 사실도 몰랐다고 한다?! 세월호가 가까운 진도가 아닌, 제주 관제센터로 초기 사고 신고를 했다고 한다. 그러나 제주 VTS와 진도 VTS가 세월호의 진입상황을 상호 정보 교류하지 않은 사실은 과연 누구의 책임인가?

이 아름다운 조국에서 침몰한 세월호, 인명구조 없이 탈출하는 승무원의 모습이 더 이상 반복되지 않기를 바라면서 다시금 명복을 빌고는 죄인처럼 읍내로 나가는 버스를 탔다. 아직도 찾지 못한 9명의 유해가 하루 빨리 찾아지길 빌면서….

082일차 　14.12.24.(수)

서망항(임회면 남동리) ~ 회동전망대(고군면 금계리)

소리의 땅에 들어선 남도국악원

▷ 들머리	서망항			
1구간	07:20-08:10	남도석성	2.9km	50분
2	08:20-10:30	국립 남도국악원	8.9km	130분
3	10:50-12:50	금갑연륙교	8.2km	120분
4	13:10-14:30	도목방조제 앞	4.9km	80분
5	14:40-15:50	초평항 입구	4.3km	70분
▷ 날머리	16:00-16:40	뽕할머니 동상	2.6km	40분
▷ 합계			31.8km	490분
▷ 숙소	서울			
▷ 볼거리	남도석성, 국립 남도국악원, 진도 신비의 바닷길			
▷ 비용	회동-진도 버스 2,800원/진도-서망 버스 3,100원/진도-목포 6,500원/목포-서울 30,400원/조식 햇반 2500/커피 2,000원/튀밥 1,000원/중식 우유, 빵 2,000원/석식 분식, 오뎅 4,000원/計 54,300원			

오늘도 아침 일찍 진도공용터미널에서 서망항으로 향했다. 날씨가 많이 풀려 땀이 난다. 대파, 월동 배추가 주변 밭에서 겨울나기를 한다. 진도는 배중손 장군이 삼별초를 거느리고 대몽항쟁을 위한 근거지로 쌓았던 섬이다. 조선 시대에는 왜구의 침범을 막기 위해서였고 지금도 석성 안에 민가가 수십 호가 있다.

남도 석성

진도는 예향이면서 땅이 기름지다. 농사가 번창하여 옥주라고도 부르며 인심이 넉넉하다. 한해 농사로 삼 년을 산다고 하는 진도군이다. 지금도 섬 전체 바닷가에 군내, 소포, 보전, 팽목, 도목, 둔전, 내산방조제 등 간척지가 무척 넓다. 국립 남도국악원이 무척 크다. 시설도 훌륭하다. 매주 금요일 저녁 7시 무료 공연이 열린다. 남도국악원은 2004년 개원하였

국립 남도 국악원

으며 전통국악의 원형보전, 계승, 교육, 공연, 체험
이 이루어지는 공간이다. 계속 발전하기를 빌어
본다.

회동 신비의 바닷가에 이르니 멀리 모도가 보
인다. 매년 음력 2월 초순이나 보름 영등사리 때
의산면 모도리에서 고군면 회동리에 이르는 폭 40
여m 길이 2.8㎞에 이르는 바닷길이 갈라져 전국에서
50만여 명이 진도로 몰려드니 세계적인 관광명소가 분명하다! 이 시기
전국 10대 축제 때 강강술래, 씻김굿, 들노래, 진도 아
리랑 등 민속공연도 제공된다고 한다. 바다가 갈라
지는 곳에 뽕할머니와 진돗개 동상이 서 있다.

신비의 바닷길

083일차   **14.12.30.(화)**

회동(진도군 고군면 금계리) ~ 우수영관광지(해남군 문내면)

4일 122km로 진도 한 바퀴

▷ 들머리	회동전망대			
1구간	07:20~08:30	아침가리	5.2km	80분
2	08:40~09:40	지막삼거리	3.8km	60분
3	10:50~11:40	고군교	3.2km	50분
4	11:50~13:30	벽파항	7.2km	100분
5	13:50~15:40	울돌목 무궁화동산	8.1km	110분
6	15:50~16:20	진도타워	1.7km	30분
▷ 날머리	16:20~17:40	우수영관광지	3.1km	70분
▷ 합계			32.3km	500분

▷ 숙소   우수영 호텔(해남읍 문내면 동와리, 061 533 7222)

▷ 볼거리   진도타워 전망대, 벽파항 충무공 전적비

▷ 비용   12.29(월) 아리랑 모텔 30,000원/식대 20,000원
서울—목포 30,400원/진도—회동 2,800원/목포—진도 6,500원/진도홍주 13,000원/진도타워전망대 1,000원/김밥 4,000원/커피 2,000원/호텔 50,000원/백반 7,000원/석식 20,000원(갈치찌개)/計 186,700원

벽파진 전첩비

어제(12.29일) 서울에서 목포를 거쳐 진도에 들어와 여행 중 편안했던 아리랑모텔에 투숙, 일찍 잠자리에 들었다. 아침 첫차로 회동선착장으로 가는 중, 터미널 근처 분식집에서 산 김밥 2줄을 버스 안에서 조식으로 해결했다. 들판 길을 따라 내산방조제(800m)에 이르니 때마침 부는 북서풍이 정면에서 불어온다. 벽피항 언덕에 위치한 벽파진 전첩비는 명량

대첩 승전을 기념하고 해전 중 순직한 진도 출신 참전자를 기리는 비석으로 1956년 노산 이은상이 비문을 짓고 소전 손재형이 글씨를 썼다. 오늘은 진도대교를 건널 참이다. 진도타워 전망대로 오르는 길이 무척 가파르다. 흠씬 땀 흘리며 타워에 도착하니 명량

해협이 시원하게 펼쳐진다. 오늘로써
진도 한 바퀴, 4일 동안 122㎞를 걸었
다. 79일 차 12.21(일) 눈보라 몰아치던
진도대교를 건넜을 때는 무섭게 격랑이던 명
량 바다가 오늘 저녁은 유별나게 조용히 흐른다.

　진도는 우리나라 3번째 큰 섬으로 인구 3만 3천여 명으로 진도, 상조
도, 하조도, 가사군도 등 45개 유인도를 포함 256개의 섬으로 이루어진
다. 자연경관이 수려하고 유물, 유적, 천연기
념물 53호 진돗개를 비롯하여 물산이 풍부한
곳이다. 1984년 진도대교 개통으로 해남, 목
포, 영암으로 교통편이 잘 연결되어 있다. 진
도대교를 건너 우수영 관광지를 둘러본다.

진도대교

084일차   14.12.31.(수)

우수영 ~ 영암갑문

로버트 프로스트의 'The Road not Taken'

▷ 들머리	우수영			
1구간	08:40—10:40	개초사거리	8.1km	120분
2	10:50—11:30	화원정류소	2.6km	40분
3	11:40—13:10	별암선착장 입구	5.0km	90분
4	13:20—13:40	이천휴게소 식당	1.0km	20분
5	14:30—15:40	달도갑문	3.0km	70분
▷ 날머리	16:00—16:50	영암갑문	2.6km	50분
▷ 합계			22.3km	390분
▷ 숙소	별장모텔(영암군 삼호읍 삼포리 061 462 5521)			
▷ 비용	조식 백반 14,000원/중식 영암 휴게소 뷔페 14,000원/석식 누룽지죽/숙박비 30,000원/計 58,000원			

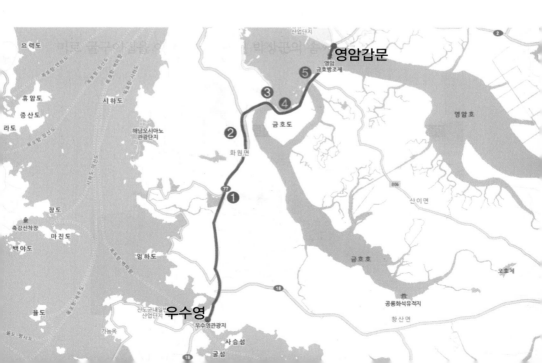

화원 옛도로

　어제 남해 섬돌이 여행의 마침표를 축하해주고자 아내가 해남 우수영
으로 내려왔다. 2014년의 마지막 날을 아쉬워하듯 남도 길에 드문드문
눈발이 흩날리고 북서풍이 제법 매섭다. 77번 국도 옆 옛날 국도를 따라
걸으니 오솔길이 포근하다.

　문득, 미국의 순수한 고전적 시인이며 소박한 농민과 자연을 노래한 로
버트 프로스트(Robert Frost 1874~1963)의 '가지 않은 길'(The Road
Not Taken)이 오솔길에 오버랩 된다. 그 시 마지막 4연을 살펴본다.

"오랜 세월이 지난 후 어디에선가

　나는 한숨지으며 이야기할 것입니다.

　숲 속에 두 갈래 길이 있었고

　나는 사람들이 적게 간 길을 택했다고

　그리고 그것이 내 모든 것을 바꾸어 놓았다고"

영호교차로

달도갑문

영암갑문

삼호교차로

새로운 길이 생기면 더 이상 옛길을 찾는 사람이 드물다. 좋고, 빠르고, 깨끗하니까! 그런데 가끔 옛길이 그리울 때가 있지 않을까?

멀리 영암호가 반갑다. 1,300㎞ 넘게 걸어온 46일간의 남해 섬돌이 도보행군이 가슴 벅차다. 금호갑문과 달도갑문을 지나 2.2㎞의 영암금호방조제를 지난다. 영산호는 영산강 유역 종합개발로 대규모 농경지, 수자원 확보를 위해 만든 인공 담수로 방조제로 1993년도 준공되었다. 오늘, 내일은 아내를 위해 도보 거리를 줄이고 일찍 숙소에 들기로 했다. 별장 모텔은 겉보기엔 낡았으나 개별 온수 난방시설이 잘되어 무척 뜨거운(?) 밤을 보냈다.

085일차   15.1.1.(목)

영암갑문 ~ 평화광장(목포시 상동 1181)

유달산에서 남해안 섬돌이길 1,374km 마침표를 찍다

▷ 들머리	영암갑문			
1구간	09:00–10:10	용당교차로	4.1km	70분
2	10:20–11:00	S오일 바다에너지	2.3km	40분
3	11:20–12:20	삼호대교 앞 나불1 삼거리	4.1km	60분
▷ 날머리	12:30–13:50	평화광장	4.6km	80분
▷ 합계			15.1km	250분
▷ 숙소				

▷ 비용   평화광장-유달산 택시 6,700원/유달산-터미널 택시 3,700원/간식.커피 10,000원/부대찌개
(해물), 소주 24,000원/목포-서울 버스(20500x2) 41,000원/計 85,400원

유달산

대불로

해군 제3함대 사령부

삼호대교

　새해 첫 날 아침 일찍 햇반죽을 끓여 먹고 길을 나섰다. 오늘은 남해 섬돌이길 마지막 종착지 목포 입성이다. 영암호를 바라보며 밤새 쌓인 눈을 밟으며 걷는 길이 무척 폭신하다. 그런데 맞받아치는 북서풍이 눈을 감게 만들 정도로 매섭다. 평화광장에 도착, 드디어 남해안 섬돌이 47일간 1,374㎞를 완주하니 가슴 뜨겁다. 평화광장은 목포 하당 신도시의 바닷가 광장인데 본래 미관 광장이었으나 故 김대중 대통령의 노벨평화상 수상을 기념하여 평화광장으로 개칭하였다. 매년 여름 목포해양축제가 열리는 곳이기도 하다. 중앙광장 앞바다에는 세계최초의 초대형 부유식 춤추는 바다음악분수가 있어 밤바다를 아름답게 수놓는다(공연 화, 수, 목요일 PM 8:00, 8:40 금, 토요일 9:20 추가공연).

　여기서부터 이어질 올해 4월 서해 낙조길 도보종주는 바다음악분수 개장일에 맞추어 시작할 생각이다. 시간 여유가 넉넉하여 목포 유달산에 오르려 했으나 눈 쌓인 바위산 길이다. 노적봉에 올라 기념촬영으로 남해 섬돌이 1,374㎞ 여행을 마무리한다.

제 4 부

서해 해넘이길

- 33일 907㎞

2015.4.9.–2015.6.10.

907km÷33일=27.5㎞(일 평균)

비용 1,793,600÷33일=55,000원(일 평균)

086일차   15.04.09.(목)

평화광장 ~ 압해 신데렐라궁펜션

바다 음악 분수쇼 감상과 서해 낙조길 – 상쾌한 출발

▷ 들머리	목포 평화광장			
1구간	07:00–07:40	목포 문화 예술회관	2.3km	40분
2	07:50–08:40	동명동 418	3.2km	50분
3	09:20–10:20	목포 해양대	4.3km	60분
4	10:40–12:00	삽진산단 입구	4.3km	80분
5	12:10–12:20	신안군청	(4.9)km	(버스)
6	12:20–14:00	압해읍 사무소	6.2km	100분
▷ 날머리	14:30–15:40	신데렐라궁펜션	4.8km	70분
▷ 합계			25.1km	400분

▷ 숙소   8일 퀸모텔(평화광장 061 285 0991)/9일 신데렐라펜션(061 261 5858)

▷ 비용   퀸모텔 40,000원/서울–목포 버스 30,400원/평화광장 택시 4,700원/간식. 커피. 생수 4,500원/석식 생태탕 10,000원/신데렐라펜션 50,000원/조식(방실이기사식당) 7,000원/중식 장수촌 곰탕 7,000원/석식 컵라면. 맥주. 땅콩 4,000원/計 157,600원

8일 14시 반포고속터미널 출발, 목포 상
동 버스터미널 18시 도착. 평화광장에서 바
다분수쇼 관람하다. 분수쇼는 매일 2차례,
금, 토요일은 3차례(월요일은 휴무) 봄-가

을(4~10월)까지 공연한다. 무대 길이 150m 높이 최대 70m로 분사하는
세계 최초 초대형 부유식 바다음악분수는 삼학도를 상징한 3개의 원형
노즐과 73개의 회전 노즐, 203개의 에어젯 노즐, 레이저 5대 292개의
LED 조명, 79개의 경관조명으로 음악분수 워터스크린 연출이 뛰어나며
풍속 6m/sec 이상, 기온 10℃ 이하일 때는 공연이 제한되는데 서해안
여행 전야 공연을 보게 되어 무척 즐거웠다. 도심 속 조그만 평화광장은
날이 더워지면 젊은이의 거리로 꽉 채워질 것이다. 원래 명칭은 미관광
장이었으나 故 김대중 전 대통령의 노벨평화상 수상을 기념, 평화광장으
로 개칭한 이름이다. 매년 여름 목포 해양문화축제가 이곳에서 열린다.

9일 아침 평화광장, 갓바위 공원으로 이어지는 나무 데크는 나지막한
입암산(갓바위산, 122m)을 끼고 해변가를 품고 활짝 핀 벚꽃 길을 바
닷가로 열어준다. 갓바위 문화타운에는 2004년 9월 개관한 목포자연사
박물관이 있다. 압해대교 건설시 발견된 육식공룡알둥지화석(천연기념
물 535호)과 공룡알 19개가 전시되고 있다. 그밖에 대형공룡 13점과 보

평화광장 분수쇼

석, 운석 등 220종 513점의 포유류, 조류 박제 품이 전시된. 지구 46억년의 역사를 볼 수 있는 곳이다. 해양대학교를 지나 유달산 기슭을 따라 목포 북항을 지나는 길에 무척 상쾌한 바람이 불어온다.

삽진산단 입구에서 압해대교를 도보 통행할 수 없어 130번 버스를 타고 압해대교를 건너는데 대교 위에 인도가 별도로 있는데도 산단 입구에서 대교로 연결되는 길이 없다. 대교를 걸어 갈 수 있게 진입 가능한 인도를 설치할 수 있게끔 목포시청 신안군청에 건의라도 해야겠다.

천사섬(1004개의 섬− 비금도, 도초도, 안좌도, 암태도, 팔금도 등 유인도 72개와 무인도 932개)을 지닌 신안군은 늘어나는 힐링 섬여행객을 위한 도로정비, 숙박업소 확충에 힘쓸 필요가 있다. 분매리에서 복룡리에 이르는 도로에 이제 막 꽃 피운 배꽃이 아름답고 마늘밭도 제법 푸르다. 북룡리 유일한 숙소에 1일 차 여행의 짐을 내린다. 압해 관광농원펜션은 시설이 무척 뛰어나다. 편안한 휴식을 기대하며…

신안군청

087일차 15.04.10.(금)

신데렐라궁펜션 ~ 현경면사무소

바다 생물의 보고, 무안갯벌

▷ 들머리	신데렐라궁펜션			
1구간	08:30-09:40	김대중대교	4.2km	70분
2	10:00-10:40	대박산 입구	2.8km	40분
3	10:50-13:20	하묘리 꽃 회사 입구	8.2km	150분
4	13:30-14:40	망운면사무소	5.0km	70분
▷ 날머리	15:00-15:30	현경면사무소	2.0km	30분
▷ 합계			22.2km	360분

▷ 숙소   무안 우강파크모텔(무안읍 성동리 061 452 7935)

▷ 볼거리   천사섬 분재공원, 자은도, 암태도, 팔금도, 안좌도 섬 여행(은암대교, 중앙대교, 신안1교로 연결)

▷ 비용   조식 누룽지/점심 백반 6,000원(만자식당 453 2207)/석식 순두부 4,000원/버스 1,200원/숙박비 35,000원(우강파크 5,000원 할인)/計 46,200원

압해도 배 과수원

신안 바닷가 펜션은 시설 환경 면에서 뛰어나다. 단지 부대시설이 운영되지 않아 아쉽다. 제법 쌀쌀한 비포장 길을 지나 2차선 포장도로는 어제와 마찬가지로 조심해서 걷는다. 압해도는 목포에서 압해대교(1,420m), 무안군에서는 김대중대교로 이어진다. 누를 압, 바다 해는 낙지다리가 세 방향으로 뻗어있어 바다와 갯벌을 누르고 있는 형상이라 압해도라고 부른다. 압해도에서는 낙지, 김, 마늘, 양파, 배, 무화과가 많이 생산된다. 하고 싶은 천사섬 여행은 다음으로 미루고 무안을 향해 김대중대교(2013.12. 개통, 925m)를 건넌다.

자전거 캠핑 여행자 이종식 님

운남면에 다다라 자전거 캠핑여행을 하는 포항 출신 이종식 님(62세)을 만났다. 42일째 포항, 고성, DMZ길, 서울, 서해

안길을 지나 신안으로 가는 중이라 한다. 반가운 마음으로 통성명! 총 여정 4,222㎞를 자전거로 도는 중이다. 대단하다. 숙박 장비까지 자전거가 한 짐이다. 무안 땅에 접어드니 무안국제호텔이 단체 숙박객으로 방 22개가 전부 예약! 아뿔싸! 카운터 직원이 무척 미안해한다.

할 수 없이 한경면사무소에서 버스 타고 무안읍버스터미널 옆에 숙소를 잡다. 내일 다시 현경면으로 가서 걸을 예정! 무안군은 전남도청 이전 시 기업도시 유치, 무안국제공항 개항으로 활기가 넘치는 지자체이다. 또한 화산 백련지에서 매년 7월 열리는 무안 연꽃축제, 무안 일로읍의 품바 발상지 품바 축제도 7월에 열리는 등 축제의 도시다! 무안갯벌은 람사르 습지 제1742호로 지정 관리 되어있으며 연중 갯벌체험이 가능하다. 무안갯벌에는 유명한 세발낙지, 고동, 바다, 게, 굴, 바지락 등 풍부한 바다 생물과 감태, 김 등이 생산되고 있다. 또한 전국 생산량의 20%를 차지하는 무안 양파는 단단하고 아삭하며 단맛이 강하다. 바닷가 구릉지의 토질 덕분이다. 그리고 유명한 품바 타령은 1981년 무안 일로읍 공회당에서 실존인물 장타령꾼 각설이 1인극 〈품바〉가 첫 공연 되어 전국으로 알려졌다.

무안양파

088일차 15.04.11.(토)

무안군 현경면사무소 ~ 함평군 손불면 월천리 해당화 다목적센터

오십만평 생태공원에서 펼쳐지는 함평나비축제

▷ 들머리		현경면사무소			
1구간	08:20–09:30	현화 1교	4.0km	70분
2	09:40–10:30	해운보건 진료소	3.2km	50분
3	10:50–11:40	함평읍 가동리 354	3.0km	50분
4	12:00–13:00	손불면 신흥상회	3.4km	60분
5	13:40–15:00	산남 보건진료소	4.5km	80분
▷ 날머리	15:20–16:40	해당화 다목적센터	4.5km	80분
▷ 합계			22.6km	390분

▷ 숙소   해당화 다목적센터 (061 324 9711)

▷ 볼거리   함평 주포해수찜질방, 함평 자연생태공원

▷ 비용   조식 우동, 커피 5,000원/중식 김밥 3,000원/무안–현경 버스 1,200원/석식 두부, 소주
         10,000원/다목적센터 50,000원/計 69,200원

함평읍 석성리 교차로

돌머리 해안길 안내도

아침 6시 기상, 숙소에서 생우동면을 끓여 먹고 08시 현경행 버스로 8시 15분 현경면사무소에 도착. 걷기 시작하다. 해운 보건진료소에서 농가 사잇길로 함평군 가동리로 향하다. 신안군, 무안군을 거쳐 함평군에 이르는 도로 주변 양파밭, 마늘밭 둑 사이로 드문드문 묘소가 제법 많이 자리하고 있다. 드넓은 구릉 지대이고 보니 다른 지방에 비해 야산이 없어서 조상묘를 밭 가운데 모셨나 보다! 조상님도 모시고! 밭도 모시고! 쭈욱 복 받으세요!

함평에서는 50만평(159만㎡)의 엑스포공원 내 유채꽃, 자운영 꽃밭에서 매년 4월에서 5월 사이에 수만 마리 나비축제가 열린다. 또한 10~11월에 대한민국 국향대전도 열린다. 국향대전 때 공원을 가득 메우는 국화 꽃송이가 100억 송이가 넘는다고 하니(?) 꼭 한번 들러봐야겠다. 무안군 해제면 도리포와 함평 향화도 사이로 깊숙이 들어온 함평만을 왼쪽으로 끼고 석성리, 주포, 석창리, 산남리, 월천리까지 짭조름한 해풍을 온 얼굴에 맞으며 걷는다. 시원하다.

줄포리에는 100년째 5대에 걸쳐 해수찜으로 유명한 곳이 있다. 소나무

장작으로 1,300도 가까이 달군 후 약초가 담
긴 해수탕에 찜질하면 피부병, 부인과 질환에
좋다고 소문이 나 있다. 해수찜탕은 가족단위
로 찜탕 한 방에 삼만원, 옷 한 벌 천원이다. 걷
다 보니 함평 바닷가 들판 길가로 한우 사육농가
가 꽤 많이 보인다. 고급 한우 생산의 축산 경쟁력을 갖
추기 위해 함평군청이 다양한 정책을 펼치고 있단다. 일찍 숙소로 예약
해둔 손불면 해당화 다목적 센터에 들었다. 시설이 꽤 훌륭하다.

함평 양파밭

089일차   15.04.12.(일)

해당화 다목적센터(함평군 손불면 월천리) ~ 풍경마루(백수읍 백암리 9-5)

"칠산바다에 돈 실러 가세!" – 영광 백수해안도로

▷ 들머리	해당화 다목적센터			
1구간	07:00–08:00	학산리 함평항 입구	3.8km	60분
2	08:10–09:00	옥실삼거리	3.0km	50분
3	09:10–09:50	오동리 대선저수지 삼거리	2.7km	40분
4	10:00–10:30	염산면 상계사거리	2.0km	30분
5	10:40–11:30	축동삼거리	3.1km	50분
6	11:40–13:00	백수서초등학교	5.3km	80분
7	14:00–15:00	홍곡리 답동 입구	4.1km	60분
▷ 날머리	15:30–16:30	풍경마루	3.8km	60분
▷ 합계			27.8km	430분

▷ 숙소   풍경마루(061 351 3277)

▷ 볼거리   백수 해안도로

▷ 비용   조식 빵/중식 세화식당 백반 6,000원(061 353 8512)/석식 해물찌개 10,000원(풍경마루)/숙박비 40,000원/計 56,000원

아침 일찍 함평군 월천리를 떠나 영광군 염산면을 지나 백수서초등학교 앞 세화식당에서 백반정식으로 아침 겸 점심을 해결하고 백수해안도로로 향한다. 구수산(백수해안도로 위편) 비릉길을 따라가니 영광 법성포에서 홍곡리에 이르는 22㎞ 백수해안도로를 만난다. 4월 벚꽃이 만개하여 도로변에 흐드러지고 확 트인 바다는 시원하다. 칠산바다에 조기떼가 파시를 이루면 "돈 실러 가세/돈 실러 가세/칠산바다에 돈 실러 가세" 신난 어부들이 부르는 황금조기 노래이다. 동해안 바닷길 7번 국도와 비견되는 77번 국도 길의 백미가 백수해안도로이다. 77번 국도는 총연장 897㎞로 인천-태안반도-안면도-보령, 군장지구-새만금지구-변산지구-고창-압해도-화원반도-완도-보성-고흥-여수-돌산, 남해-통영-부산에 이르는 서남해안 해안국도이다.

이맘때 3, 4월에 전북 위도 파시가 유명한데 바로 이 칠산바다 어장은

함평 보리밭

백수해안도로 벚꽃길

조기떼가 몰려 꾹-꾹 조기 부레 울음소리가 바닷속을 시끄럽게 할 때 백수해안도로 벚꽃은 지천으로 바람에 흩날려 사방으로 질펀하게 깔린다. 내일, 모레 이틀 동안 전국에 비 소식이 있다니 봄 벚꽃향기에 취해 오늘은 풍경마루 해물찌개에 낮에 길가 뚝방에서 잠시 쉬면서 캐낸 쑥과 냉이를 넣고 완월장취 해볼까나!

090일차   **15.04.13.(월)**

백수읍 백암리 9-5 ~ 법성버스터미널

황금 조기 소리에 백수도로 벚꽃 흩날리고

▷ **들머리**	백수읍 백암리			
1구간	09:00–10:10	대초마을 공원	5.0km	70분
2	10:30–10:50	영광대교(공사 중)	1.5km	20분
3	11:00–12:10	법백교	5.1km	70분
▷ **날머리**	12:30–13:20	법성포터미널	3.2km	50분
▷ **합계**			14.8km	210분
▷ **숙소**	서울 자택			
▷ **볼거리**	백수해안도로 영광 해수온천랜드			
▷ **비용**	조식 누룽지/ 법성포–영광 버스 1,300원/중식 잡채밥, 소주(터미널 중국집) 9,000원/영광–서울 25,900원/신문, 우유 2,000원/計 38,200원			

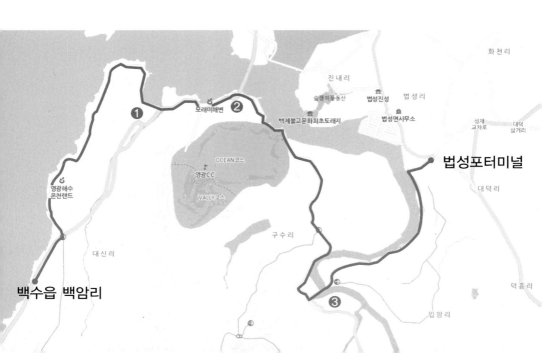

백수해안

아침 7시 기상, 숙소에서 누룽지 끓여 먹고 비 온 뒤끝, 옷깃 여미고 칠산바다를 왼편으로 껴안고 길을 재촉한다. 멀리 부안군 위도가 어슴푸레 실루엣으로 그려지고 아래쪽에 일산도, 이산도, 삼산도, 사산도, 오산도, 육산도, 칠산도 바위섬들이 점점이 떠 있다. 그래서 七山바다인가? 3, 4월 칠산바다에 조기떼가 산란을 위해 몰려들면 농어목 민어과에 속한 황금조기가 부레를 수축하며 내는 꾹-꾹 소리에 백수도로 오십

대초마을 공원

영광대교(공사중)

리에 벚꽃이 흩날린다나? 칠산 갯길 300리 노을 길은 우리나라 환상의
국도 베스트 10에 이름을 올린다.

 해수온천랜드 노을 전시관이 자리한 백수도로를 지나면 굴비공장, 식
당으로 유명한 법성포구로 들어선다. 마침 영광대교가 2015년 11월 완
공되면 법성포읍까지 8km는 단축될 것이다. 칠산바다가 깊숙이 법성포
코앞까지 갯내음 풍기며 들이닥친다! 오늘은 서울로 가기 위해 법성터미
널에서 영광으로 간다. 법성터미널 중식당의 잡채밥이 제법 맛있다.

법성포

법성버스터미널 ~ 동호해변(고창군 해리면 동호리)

백제 불교의 시작, 법성포 마라난타사

▷ 들머리	법성버스터미널			
1구간	08:00~09:00	마라난타사	3.5km	60분
2	09:10~09:30	숲쟁이 꽃동산	1.2km	20분
3	09:40~10:50	홍농읍사무소	4.2km	70분
4	11:00~11:30	진덕삼거리	1.8km	30분
5	11:40~13:30	구시포항	7.0km	110분
6	13:50~14:50	장호리 입구	3.7km	60분
▷ 날머리	15:10~16:50	동호해변	6.8km	110분
▷ 합계			28.2km	460분

▷ 숙소   17일 숙박 청수장(061 356 6700, 법성리 1148)/18일 숙박 동호해변 대성모텔(063 564 2022)

▷ 볼거리   마라난타사(4면 대불상, 부용루, 탑원, 간다라 유물전시관, 아쇼카 석주), 숲쟁이공원

▷ 비용   18일 서울–고창 버스 15,900/고창–영광 버스 3,300원/영광–법성포 버스 1,300원/간식 2,500원/숙박비 30,000원/석식 대박이네(061 356 8283) 굴비백반 10,000원/소주 3,000 원/ 19일 조식 7,000원/ 중식 빵, 우유 3,000원/ 석식 해물탕 15,000원/ 숙박 30,000/計 121,000원

마라난타사

법성포는 백제 시대 아무포로 불리다가 AD 384년 백제 침류왕 때 간다라 출신 인도사람 마라난타 존자가 불법을 가지고 들어온 곳이라 하여 法聖浦(법성포)로 불리게 됐다. 이를 기념하여 영광군에서 지역 활성화 사업으로 1996년 마라난타사를 지었다. 영광(靈光)이란 지명도 부처님의 신령한 빛이 들어온 곳이란 뜻을 가지고 있다. 근처의 영광 불갑사, 군산의 불주사도 마라난타 존자와 관련된 절 이름이다. 마라난타사의 특징은 외벽을 돌로 쌓은 간다라 양식을 채택하고 있다. 사면 대불상 외벽은 지금 공사 중이다.

마라난타사와 이어진 숲쟁이 공원의 숲이 우거진 틈새로 법성포 물길이 아침 햇살에 보석처럼 빛난다. 고창 구시포 해안에서 동호 해변에 이르는 마치 줄자로 잰 듯한 고창 명사십리해변길은 거의 직선으로 길게 뻗어 풍광이 뛰어나다. 멀리 위도와 가막도가 보이고 건너편 변산반도를 바라보며 걷는 한적한 원시 사구 해변길이다. 구시포항에서 이십오리 끝

도 보이지 않는 모래해변도 일직선! 바다와 맞닿은 해안도로도 일직선이다. 모래사장에서는 승마를 즐기는 사람이 많다고 한다. 부지런히 걸어서 동호해변에 도착한다. 봄볕과 해풍에 얼굴이 제법 발그스름하다. 저녁은 모텔 식당과 슈퍼를 겸하고 있는 대성식당에서 제법 맛있는 해물탕으로 해결한다. 어제 서울에서 내려와 저녁식사를 한 법성포의 대박식당 백반 맛이 참 좋았다. 그리고 버스 기사가 알려준 법성포의 숙소 청수장도 무척 깨끗하다. 기억하고 싶은 곳이다. 내일은 전국에 비소식이 있다. 푹 쉬자!

092일차 15.04.19.(일)

동호해수욕장(고창군 해리면 동호리) ~ 선운사(고창군 아산면 삼아리)

구름 속 참선과 미륵불이 있는 도솔천 궁

▷ 들머리	동호해수욕장			
1구간	09:00–10:00	고창 서해안 바람공원	4.7km	60분
2	10:10–11:00	심원면사무소	4.1km	50분
3	11:10–12:30	용선삼거리	5.7km	80분
4	12:50–14:00	선운산 주차장	3.9km	70분
5	14:10–15:30	선운사	1.0km	80분
▷ 날머리	15:40–16:00	서해안모텔	1.5km	20분
▷ 합계			20.9km	360분

▷ 숙소 서해안모텔(063 562 6611, 고창군 이산면 선운사로 78)

▷ 볼거리 선운산(도솔암, 장사송 천연기념물 354호), 동백숲(천연기념물 184호), 송악(천연기념물 367호), 학원농장 청보리밭 축제, 고창 갯벌, 고인돌박물관

▷ 비용 조식 누룽지/선운사 입장료 3,000원/중식 빵, 사과 13,000원/숙박비 30,000원/석식 쌈밥, 소주 11,000원/計 57,000원

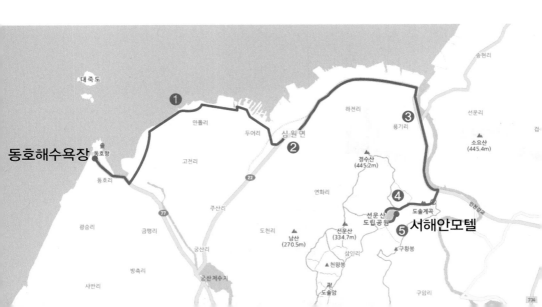

국내 최대 바지락 생산지 서전마을

동호해수욕장에서 서해안 바람공원에 이르는 4㎞의 소나무숲이 장관이며 백사장의 모래가 곱고 가늘다. 또한 깊숙이 들어온 변산반도와 고창 사이 갯벌(람사르 습지로 2010년 2월 등록)은 40.6㎢ 면적에 다양한 저서생물, 염생식물, 조류의 서식처이고 풍천장어로 유명하다.

선운산(336m)은 사계절 아름다운 곳으로 호남의 내금강으로 불리며 도솔산이라고도 한다. 선운은 구름 속에서 참선하다는 뜻이고 도솔은 미륵불이 있는 도솔천 궁을 뜻한다고 한다. 봄에는 동백나무 숲과 벚꽃으로, 가을에는 꽃무릇(일명 상사화) 군락지가 선운사에서 도솔암에 이르는 탐방로에 지천으로 피어난다. 선운산은 또 백제 위덕왕 24년(577년)에 검단선사(신라의 운국사 창건설)가 창건한 선운사를 품고 있다. 아직 초파일(5.25일)이 한 달 이상 남았는데도 연등불사 준비로 바쁜 모습이다.

용선삼거리

고창 선운사

　　하루 종일 보슬비가 오는 도로를 걸으며 고창의 청보리밭축제(4월 18일
~5월 10일)도 볼만할 터인데 따로 시간을 내어야겠다고 다짐한다. 오늘
은 선운사 입구 가정집 같은 서해안모텔에 여장을 풀고 쉬어야겠다. 방
도 깨끗하고 주인아주머니도 무척 친절하다.

093일차　**15.04.20.(월)**

선운사 ~ 줄포면버스터미널(부안군)

명인에게 계승된 진표율사의 개암죽염

▷ 들머리	선운사			
1구간	07:30–08:40	용선삼거리	4.9km	70분
2	08:50–11:10	수동교회	9.3km	140분
3	11:20–12:10	후포마을회관	3.1km	50분
4	12:20–13:20	감동마을 입구	3.2km	60분
▷ 날머리	13:40–14:10	줄포시외버스터미널	1.9km	30분
▷ 합계			22.4km	350분

▷ 숙소　개암 힐링찜질방 별관(부안군 죽산면 종유로 44–21, 063 581 0700)

▷ 볼거리　부안자연생태공원(063 580 4524), 개암사

▷ 비용　조식 누룽지/중식 빵/석식 백합죽세트(계화회관)

아침 6시 기상, 모텔에서 누룽
지 끓여 먹고 길을 나서다. 보슬
비가 곡우 비인가? 소리 없이, 옷
깃을 적시는 비가 끊임없이 선운
사 길을 적신다. 봄 농사에 곡우
비는 풍년을 약속한 듯 논과 밭
을 흠뻑 적셔준다! 반갑다, 곡우
비! 곰소만 깊숙이 들어온 바닷
길을 돌고 돌아 고창군에서 부안

군으로 접어들면 주변의 밭과 염전이 비 오는 날 아련한 추억처럼 가까
이 또는 멀리 그려지고, 이내 썰물과 함께 갯벌로 이어진다.

부안군으로 접어들어 줄포면 버스터미널에 그립고 반가운 친구 개암죽
염 이경용 죽염 명인이 마중 나왔다. 10여 년 전, 북유럽 여행길에서 만
나서 이후 백두산 탐방도 몇 차례 같이 한 친구이다. 뜻한 바 있어 개암
죽염을 계승 발전하고, 넓은 정원에 개암죽염 찜질방과 개암 힐링 캠프
연수원을 만들어 부인 김국자 님과 함께 지역사회에 봉사하고 있는 훌
륭한 친구이다. 개암죽염은 1,300여년 전 진표율사가 개암사 뒤 울금 바
위에서 제조기법을 계시받아 만들었다고 한다. 현재도 전통 기법 그대로
만들어내는 개암죽염은 죽염 중의 으뜸이라고 한다. 특히 자죽염은 개암
죽염의 트레이드 마크이다.

죽염의 효능은 중금속 해독, 소화기 질환, 피부병, 결막염에 탁월한 치
료 효과가 있으며 지금은 정락현 죽염 명인이 이경용 명인의 뒤를 이어
개암죽염을 이끌고 있다. 개암죽염은 서해 천일염과 왕대나무, 황토 소나

좌치 나루터

무를 이용하여 1,000도 이상에서 9번 구운 후 1,700도 이상 고온에서
소금을 용융하는 까다로운 작업을 거치면 짙은 보라색 자죽염이 탄생한
다. 항염, 항균, 항암효과가 탁월하다고 연구 결과가 발표되기도 하였다.
본인도 여행길에는 반드시 휴대하고 하루 한두 알갱이 입속에 털어놓고
침으로 녹여 먹는다. 개암죽염과 찜질방을 통해 지역사회에 봉사하는 이
경용 회장의 올곧은 마음씨를 사랑하며…!

국창 김소희 생가

미당 서정주 생가

094일차　15.04.21.(화)

줄포버스터미널 ~ 변산 샹그릴라(변산면 도청리 272-8)

천년 세월을 뛰어넘는 부안 청자박물관

▷ 들머리	줄포버스터미널			
1구간	10:00–11:00	부안 청자박물관	4.2km	60분
2	11:30–12:40	주진문화회관	4.2km	70분
3	12:50–13:20	곰소항	1.9km	30분
4	14:10–17:20	국립 변산자연휴양림	11.6km	190분
▷ 날머리	17:30–18:30	변산 샹그릴라	4.2km	60분
▷ 합계			26.3km	410분
▷ 숙소	개암힐링찜질방 별관			
▷ 볼거리	부안 청자박물관. 내소사			
▷ 비용	조식 바지락죽(변산명인 바지락죽 063 584 7171/변산면 운산리 446-8 고사포해수욕장 입구)/커피 샹그릴라(김재석)/중식 된장찌개 7,000원/석식 다다수산횟집(063 581 9931~2, 010 9679 9933) 計 7,000원			

아침에 죽염찜질방에 두 차례 드나드니 몸과 마음이 개운하다. 변산반도 한 바퀴를 돌아 바지락 명인 집에서 아침 죽 한 그릇을 비운다. 쌉쌀한 맛, 달콤한 맛, 쫄깃한 식감에 온통 입안이 향기롭다. 부안의 대표 음식이다. 이경용 회장은 음식, 풍광, 길손안내까지⋯ 아침부터 부안 자랑이더니 어제 도착했던 줄포터미널까지 데려다준다.

2011년 4월에 개관한 부안 청자박물관은 이곳 유천리 40여 곳의 11~14세기 가마터에서 빚어낸 빼어난 고려 상감청자를 만나볼 수 있는 곳이다. 박물관 외관은 청자 접시를 형상화한 건물이라 이채롭다. 상감청자, 철화청자, 비색청자를 만나보며 천년 세월을 뛰어넘는다.

만화교에서 좌측으로 밭두렁 길을 타고 곰소항으로 가면서 흙냄새, 갯냄새를 맡으며 걷는다. 짭조름한 바람 냄새다! 특히 부안마실길 6코스는 왕포에서 마동 방조제를 거쳐 모항 갯벌체험장에 이르는 갯가길 코스로 천연 원시림과 대나무 숲길의 운치를 걷는 내내 즐길 수 있다. 해변 절벽

구진마을 갯벌길

갯벌길

나문재를 캐거나 바지락, 맛, 농발게(농게) 등을
잡았던 구진마을 앞 갯벌로 가는 길

길이 국립 변산휴양림까지 계속 이어지며 환상적인 아름다움을 안겨준다. 모항 갯벌해수욕장을 지나 솔섬 못미처 아담한 해수욕장을 둘러싼 해변에 샹그릴라펜션, 리조트, 카페가 있다. 이 회장과 호형호제하는 김재석 주인장의 커피 한잔이 무척 향기롭다.

오늘 저녁은 궁항 상록해수욕장 앞 多多水 산횟집에서 주인 김영선 님이 직접 잡은 도미회, 전복, 멍게, 꽃게 등 곰소만 해역의 최고 진미를 맛본다. 모두 이 회장 덕분이다. 오늘도 숙소는 개암힐링 찜질방으로! 개암힐링찜질방은 황토숯가마, 찜질체험방, 개암힐링캠프연수원, 펜션 등으로 구분하여 운영되고 있다.

095일차　15.04.22.(수)

변산 샹그릴라(변산면 도청리 272-8) ~ 고사포해변

국가명승지 제13호 채석강의 신비로움

▷ **들머리**		변산 샹그릴라		
1구간	09:00-10:10	휴 리조트	4.5km	70분
2	10:20-10:40	궁항	1.1km	20분
3	10:50-11:30	좌수영 세트장	2.3km	40분
4	11:40-12:30	격포항 유람선 선착장	2.8km	50분
5	12:50-13:10	채석강	1.2km	20분
6	13:30-13:50	적벽강	1.3km	20분
▷ **날머리**	14:10-15:30	고사포해변	6.0km	80분
▷ **합계**			19.2km	300분
▷ **숙소**		서울 자택		
▷ **볼거리**		채석강, 격포항 해넘이공원, 부안영상테마파크(063 583 0975)		
▷ **비용**		조식 바지락죽/새만금 전시관-부안 버스 2,850원/중식 콩나물 해장국 7,000원/부안-반포 버스 14,300원/석식 빵·우유 3,000원/생딸기쥬스 4,500원/計31,650원		

좌수영 세트장

아침에 찜질욕으로 어제의 숙취를 풀고 어제 아침 들렀던 바지락 명인 식당에서 바지락죽으로 조식 해결! 변산 샹그릴라펜션 앞에서 이 회장과 헤어지다. 삼일 동안 조석으로 챙기느라 고생 많았으나 덕분에 나는 변산반도 둘레길 여행이 다른 어느 곳보다 즐거웠다. 이순신 장군의 전라 좌수영 세트장은 몇 년 전에 비해 관람객이 많이 감소한 느낌이다.

채석강으로 가는 길에, 격포항 유람선 선착장 휴게소(사장 김옥숙 님)에 들러 생딸기 아이스 주스를 시원하게 마시고 썰물 때라 바로 격포항에서 바닷가 쪽으로 내려가 채석강의 신비로움을 살펴본다. 이곳 지질은

채석강

적벽강

약 7천만 년 전 선캄브리아대 화강암, 편마암이 수만 권의 책을 쌓아놓았던 것처럼 층층 단애를 이루고 있는 국가명승지 제13호이다. 채석강에서 적벽강에 이르는 해안 길을 걷다 보면 곰소만에서 부챗살처럼 펼쳐진 서해안 푸른 바다 위에 마음이 올라앉은 듯 한껏 시원해진다.

 부안군은 변산반도에 위치, 인구는 6만이고 평야, 산지, 바다가 인접한 변산반도 국립공원 지역으로 내변산, 외변산 지역으로 구별된다. 부안은 또 내소사, 개암사 등 유서 깊은 사찰과 위도, 하섬 등 7개 유인도와 28개 무인도를 품고 있고, 전남 강진과 더불어 고려청자 산지로 유명한 유천리 도요지가 있다. 또 천연기념물 군락지로 도청리 호랑가시나무군락(122호), 격포리 후박나무군락(123호), 중계리 꽝꽝나무군락(124호), 중계리 미선나무군락(370호)이 유명하다.

 변산반도를 아우르는 163km, 14개 코스로 이루어진 부안마실길은 잘 정돈되어 걷기 편할 뿐만 아니라 좋은 풍광도 제공한다. 매년 4~5월에 열리는 부안마실 축제는 볼거리, 먹거리를 제공하기도 한다. 고사포해변

변산 명인 바지락죽 식당을 지나 운산교차로까지 걸으니 오후 4시 가까이 되었다.

　이번 주 금, 토요일 행사를 위해 서울로 가야 할 시간이다. 다음 주 월요일 도보 일정에 새만금 홍보관 관람이 불가하여 6km 정도 버스를 이용하려 했는데 마침 지나가는 부안경찰서 소속 경찰 순찰차가 한참 공사 중인 변산해수욕장 도로가 위험하다고 새만금 홍보관까지 안내해준다. 두 분 경관님에게 고마움을 표한다. 새만금 홍보관 관람을 마치고 부안으로 가서 17시 서울행 고속버스를 타고 서해길 10일 차 여행을 마친다.

096일차 15.04.28.(화)

호수가든(고사포해수욕장, 변산면 운산리 495-6) ~ 야미도 해양경찰지서

세계 최장 새만금방조제를 걷다

▷ 들머리		고사포해수욕장		
1구간	08:00-08:50	변산해수욕장	3.4km	50분
2	09:00-10:10	새만금홍보관	4.3km	70분
3	10:20-11:30	가력체육공원	4.6km	70분
4	12:30-15:40	신시광장	11.3km	190분
▷ 날머리	16:00-17:10	야미도 해경지서	3.8km	70분
▷ 합계			27.4km	450분

▷ 숙소 4.27 숙소 호수가든 민박(063 582 8121)/4.28 숙소 해성민박(야미도, 063 463 6012)

▷ 비용 서울-부안 버스 14,300원/부안-고사포 버스 3,750원/간식, 신문 5,700원/숙박비 30,000 원/된장찌개 7,000원/해성민박 30,000원/조식 호수가든백반 7,000원/중식 가력휴게소 라면 3,500/커피 2,000원/오징어 10,000원/석식 백반 아리울식당 7,000원/計 120,250원

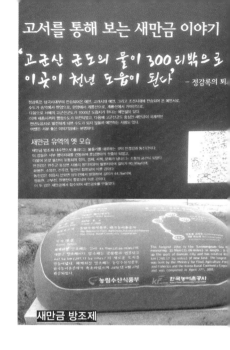

어제 부안으로 내려와 고사포해수욕
장에 도착, 마땅한 숙소가 없어서 약
1㎞ 떨어진 변산서 중학교 옆 호수가
든 민박에 숙소를 정했다. 1층은 식
당, 2층은 민박인데 TV만 성능이 조
금(?) 그렇지 숙소는 깔끔하다. 아침
에 일어나 7시 식사(백반), 8시 걷기
시작. 변산해수욕장은 2012년부터
2015년 여름까지 대대적인 시설공사
로 출입금지 중이다. 먼지를 뒤집어쓰고 공사 중인 도로 옆으로 조심스
레 걷는다. 새만금 홍보관은 지난 4월 22일 살펴보았으므로(입장료 무
료) 방조제를 걷기 시작한다. 단군 이래 세계 최장 33.9㎞ 새만금방조제
는 부안에서 신시도, 야미도를 거쳐 군산으로 이어진다.

방조제 길이 절반 19㎞ 전방에 야미도가 있다. 오십 리 길이다. 새만

신시대교

금방조제는 1991년 11월 16일 착공 이후 19년 공사를 거쳐 2010년 4월 27일 준공된 방조제로 세계에서 제일 길다. 네덜란드 주다치방조제보다도 1.4㎞ 길다. 여의도 면적의 140배(서울 면적의 2/3)의 육지가 새로 생긴 셈이다. 방조제 상단부에 4차선 도로가 건설되었고 도로 주요구간에 전망데크, 편의시설이 설치되어 있다. 방조제와 함께 길이 125㎞ 방수제(방조제 내부에 쌓은 제방)와 2개 배수갑문이 설치되어있다. 대단한 역사의 현장이다!

새만금 홍보관에서 야미도 새만금 오토캠핑장 사이에 가력체육공원, 너울쉼터, 소라쉼터, 바람쉼터 등 3-4㎞ 간격으로 군데군데 휴게실과 화장실이 배치되어 새만금 방조제 힐링코스(자전거, 도보)로 아주 안성맞춤이다. 휴게소 편의점은 가력도와 신시도에 있다. 12시가 지나 비가 온다는 일기예보가 정확하다. 제법 많은 빗속을 걸으며 야미도 해성민박집에 숙소를 정했다.

야미도 입구

097일차 15.04.29.(수)

야미도 해양경찰지서 ~ 소룡동 주민센터

일제 수탈의 아픈 역사 군산

▷ 들머리	야미도 해양경찰지서				
1구간	08:00–09:00	돌고래쉼터		4.1km	60분
2	09:10–10:00	해넘이쉼터		2.8km	50분
3	10:10–11:50	비응항		6.9km	100분
4	12:50–14:30	동연산업		6.8km	100분
5	14:40–15:40	수창건설		3.4km	60분
▷ 날머리	16:00–17:30	소룡동 주민센터		5.6km	90분
▷ 합계				29.6km	460분
▷ 숙소	fox모텔(소룡동 1554–6 / 063 464 7211)				
▷ 볼거리					
▷ 비용	조식 누룽지/간식 커피, 두유 3,000원/중식 해물칼국수 예향 7,000원/숙박 35,000원/석식 무봉리순대국 7,000원/커피, 아이스바 2,700원/計54,700원				

비응항

어제부터 계속 내리는 봄비 속에 야미도 민박집에서 누룽지 끓여 먹고 군산으로 출발! 방조제(바닷가 쪽)를 따라 걸으며 오른쪽 내수면을 살펴보니 망망대해 바다처럼 느껴져 아득하다. 왼쪽으로도 역시 야미도 뒤쪽으로 고군산군도의 여러 섬들이 구름, 안개 속에 형체가 없다. 돌고래쉼터와 해념이쉼터는 휴게소 주인이 아직 출근 전이다. 비응항에 이르니 비가 그친다. 예향식당에 들르니 친절한 주인이 해물칼국수 1인분을 요구하자 시원스럽게 응낙한다. 원래 1인분은 사절이란다. 맛있게 칼국수와 보리밥(서비스)까지 고추장에 비벼 먹고 군산국가산업단지 옆으로 쭉 뻗은 도로를 따라 걷는다.

군산국가산단종합안내도

새만금 북로변

군산은 일제 때 드넓은 만경평야, 김제평야 곡물과 풍부한 해산물을 일본으로 수탈해가기 위해 1899년 강제 개항된 항구도시라는 아픈 역사의 도시이다. 쌀 25만 가마를 보관하는 창고가 3개나 있었고 그 수탈의 역사 속에 일본식 건물이 지금도 남아있으니 그 대표적인 집이 히로쓰 가옥이다. 내일 그 역사의 박제물을 살펴볼 생각이다.

미성동 보리밭

098일차　**15.4.30.(목)**

군산 소룡동 주민센터 ~ 필모텔(서천군 종천면 화산리 308-20)

역사의 아픔을 간직한 채 볼거리 많은 군산

▷ 들머리	소룡동 주민센터			
1구간	07:30~08:20	히로쓰 가옥	3.5km	50분
2	08:30~08:50	군산세관	0.8km	20분
3	09:00~10:00	경암동 철길마을	3.0km	60분
4	10:10~11:30	금강호 휴게소	4.8km	80분
5	11:40~13:50	장항도선장	8.1km	130분
6	14:40~15:50	옥남사거리	4.2km	70분
7	16:00~17:50	해창 주민휴게실	6.8km	110분
▷ 날머리	18:00~18:40	필모텔	2.4km	40분
▷ 합계			33.6km	560분

▷ 숙소　필모텔(041 952 9334)

▷ 볼거리　히로쓰 가옥, 초원 사진관, 근대역사박물관, 이성당, 경암동 철길마을, 동국사, 은파호수공원, 월명공원

▷ 비용　조식 백반 6,000원/커피 2,000원/중식 경남식당(041 956 1219) 대구탕 10,000원/숙박비 35,000원/석식 라면/計 53,000원

군산은 인구 27만에 서해에 인접하여 옥구반도와 서해의 고군산군도 등 63개 섬(유인도 16개, 무인도 47개)이 있고, 천혜의 만경평야를 끼고 어청도 근해의 조기, 삼치, 홍어 등 어획물이 풍부한 곳이다. 여기에 간척지의 조개류, 미역, 김 양식을 많이 하며 염전이 발달했으며, 관광지로도 크게 알려지기 시작했다. 볼거리로는 고군산군도, 히로쓰 가옥, 근대박물관, 근대미술관, 동국사(일본식 사찰), 은파호수공원과 이성당빵집 등이 있다. 군산은 또한 매년 노벨문학상 후보로 거론되는 시인 고은(82세)의 고향이며, 1950년 9월 인천상륙작전을 숨기기 위해 미군 폭격기의 공중폭격으로 폐허가 되기도 했던 곳이다.

히로쓰가옥

초원 사진관

아침 일찍 필모텔 근처 백반집에서 아침 식사, 히로쓰 가옥으로 갔으나 일본식 건물 외관만 보고 말았다. 미리 관람을 신청하지 않았기 때문이다. 초원사진관에서 8월의 크리스마스 등 촬영세트장 분위기를 느껴보고 옛 군산 세관 모습을 살펴본다. 거대한 일본의 수탈현장 가옥, 창고, 세관, 은행 등이 세월을 건너뛰고 잘 보존되어 있다.

경암동 철길마을은 1944년 페이퍼코리아의 생산품, 원료를 운송하기 위해 군산역과 공장을 연결한 2.5㎞의 운

옛 군산세관

송로로 2008년 6월까지 운행되었으
나 지금은 폐선되었다. 지금 그 기찻
길은 주민들의 앞마당이 되고 상추
밭이 되고, 빨래 건조대 역할도 하
는 등 무척 흥미로운 곳이기도 하여
근래 관광코스로 각광받고 있다. 군
산과 장항을 잇는 하굿둑이 장장 10
㎞에 걸쳐 자전거 도로와 보행도로
로 잘 닦여있다. 군산 월명동과 장
항을 잇는 군장대교가 2016년 완공
되면 장항과 군산의 교류가 더욱 활
발하리라 생각한다. 저녁 늦게 종천
면 화산리 언덕배기에 자리 잡은 필

경암동 철길마을

금강하구

모텔에 도착! 시골 면소재지에서 2㎞ 떨어진 외딴 모텔이 굉장히 깔끔하다. 주변에 식당이 없어서 컵라면으로 저녁 끼니를 해결하고 뜨거운 물을 채운 욕조에 몸을 담그고 오랫동안 땀을 빼고 나니 무척 시원하다!

장항 미곡창

099일차 15.5.1.(금)

필모텔 ~ 보령시 웅천읍 독산리 무창포 오토캠핑장

바닷길이 열리는 무창포해수욕장

▷ 들머리	필모텔			
1구간	07:30~08:40	서천 다사리마을	5.0km	70분
2	08:50~09:50	들녘가든	3.9km	60분
3	10:00~11:00	월하성 마을회관	3.8km	60분
4	11:10~12:30	춘장대 진주조개구이	5.5km	80분
5	13:30~14:50	장안해수욕장 주차장	5.2km	80분
6	15:00~16:20	독산해수욕장	5.0km	80분
▷ 날머리	16:30~17:00	무창포 오토캠핑장	2.2km	30분
▷ 합계			30.6km	460분

▷ 숙소   보령시 신흑동 가나공인중개사 숙소(041 933 4466)

▷ 볼거리

▷ 비용   조식 누룽지/빵, 두유 3,400원/중식 조개칼국수(진주조개구이) 6,000원/커피 2,200원/석식 숙이네/計 11,600원

춘장대 해수욕장

서천 종천면 화산리 동산 위의 필
모텔에서 누룽지를 끓여 먹고 길을
나서다. 관리삼거리에서 해변도로를
따라 월하성마을에 도착! 20년 전
가족들과 매년 맛조개잡이 하러 왔
던 기억이 새롭다. 드넓은 갯벌에 오
늘부터 단기방학 철(5월 관광주간,
학교장 재량으로 5.1일~5.10일까지
3, 4일 또는 8일 휴교함)이라 온 가족이 바닷가로 몰려온 느낌이다. 춘
장대해수욕장도 꽤 사람이 북적인다. 1인분 조개칼국수도 친절하게 끓
여주는 '진주조개구이집'(해수욕장 끝에 위치)이 고맙다.

부사방조제(3.5km)는 웅천읍 일대
의 농경지를 보호하고 관광지, 바다
낚시, 담수호 낚시로도 유명한 곳이
다. 방조제 끝에 장안해수욕장이 있
다. 백사장의 모래가 곱고 13만㎢에
달하는 해송 숲도 유명하다. 마침
해수욕장 인근 공군 부대에서 훈련
하는 발칸포 사격 소리가 요란하다.

부사 방조제

장안해수욕장에서 독산해수욕장까지는 도로 길이가 10km인데 해수욕
장을 가로질러 해변가를 걸으니 불과 5km 거리다. 드넓은 백사장을 천지
간에 혼자 걷는다. 모래사장 끝자락에서 밭일하던 농부(?)가 이 해수욕

자연보호구역 소황사구

장 구간은 훈련시간에 출입금지라고 말해준다. 조금 으스스했다. 무창포 해수욕장에 도착하니 직장 후배 나점용 님이 마중 나왔다. 친목회원이 기도 한 26년 인연이다. 둘이서 간재미 회무침으로 유명한 숙이네식당(보령시 남곡동 비인면 관리 550−2)에서 간재미 회무침과 박하지 간장게장을 안주로 소주 3병을 술술!

부동산 공인중개사 나점용 님의 보령 현지 생활이 벌써 10년째인데 주말이면 집이 있는 서울로 오간다. 이제 현지인이 다 되었다. 원주민과의 교류가 워낙 활발해서 사무실이 동네 사랑방 구실도 하고 있다. 사무실과 붙어있는 숙소에서 같이 하루를 보내기로 한다.

100일차   15.5.5.(화)

무창포 오토캠핑장 ~ 대천 연안여객선터미널

서해 최고 해수욕장다운 대천의 활력

▷ 들머리	무창포 오토캠핑장			
1구간	15:00–16:00	월전리 용두해변민박	3.7km	60분
2	16:10–16:40	죽도	2.3km	30분
3	17:00–18:10	시민탑 광장	4.7km	70분
▷ 날머리	18:20–19:10	대천 여객선터미널	3.0km	50분
▷ 합계			13.7km	210분
▷ 숙소	신흑동 가나공인중개사 숙소			
▷ 볼거리	무창포, 대천해수욕장, 석판박물관, 성주산 자연휴양림, 외연도			
▷ 비용	5.2(토) 보령–서울 10,900원/간식 6,000원 서울 센트럴시티–보령 버스 10900/보령터미널 식당 우동 4,000원/석식 한화리조트 앞 양 평해장국 22,000원(해장국 8,000원x2, 소주, 과자)/計 53,800원			

무창포 신비의 바닷길

충남 서부의 보령시는 유인도 15개, 무인도 63개를 품은 차령산맥의 끝자락이 서해와 만나는 풍광 좋은 곳으로 동쪽에 아미산, 남쪽으로 장태봉, 북쪽으로 오서산이 솟아있다. 그 가운데로는 성주산이 자리하고 있으며 서쪽으로는 리아스식 해안이 서해를 아울러 선사시대부터 인류의 삶의 터전이 된 물산이 풍부한 곳이다. 국토를 울타리 삼아 돌기 100일째! 어린이날 서울을 출발, 보령에 도착하니 나점용 님이 마중 나와 무창포까지 승용차로 바래다준다. 꽤 더운 날씨에 휴일이라 해변가 도로는 주차장을 방불케 한다. 해수욕장 언저리를 걷는다. 무창포해수욕장과 조그만 섬 석대도 사이에 하루 2번 썰물 때 바닷길이 열려 지역주민

죽도 전경

대천 해수욕장

과 관광객에게 볼거리를 제공한다. 용머리해수욕장 끝에 남포방조제가 이어진다. 97년 완공된 요트훈련장과 대천 공군사격지원대 사이 중간에 죽도를 낀 3.7㎞ 길이다.

방조제 군데군데 낚시꾼과 연인들, 가족들이 휴일을 즐기고 있다. 대천 시내로 들어서니 행락객으로 넘쳐난다. 역시 서해 최고의 해수욕장답다. 수많은 숙박업소, 음식점, 휴양시설로 도시가 북적인다. 대천 해수욕장에서 매년 열리는 보령머드축제는 세계적인 축제가 되었다. 올해는 7.17일~7.26일 사이에 열리는 데 유료이다. 일반 10,000원, 청소년 8,000원, 가족권 7,000원이다. 해수욕장을 지나니 대천항 수산시장이 있고 바로 옆에 대천 여객선터미널이 있다. 내일 아침 7시 20분 배로 안면도 끝 영목으로 갈 생각이다. 오늘도 나점용 님 숙소에서 소주 한잔 가볍게!

나점용 님과

101일차 **15.05.06.(수)**

대천 연안여객선터미널 ~ 태안 신온삼거리

한때 육지였으나 섬으로 잘려나간 길쭉한 고구마를 닮은 안면도

▷ 들머리	대천 연안여객선터미널			
1구간	08:10-09:10	영목-반도공원	3.8km	60분
2	09:20-10:20	안좌도사기점마을 입구	4.1km	80분
3	10:40-12:00	자연 휴양림	5.4km	80분
4	12:20-13:10	방포항	3.5km	50분
5	14:00-14:50	밧개해변	3.3km	50분
6	15:00-16:30	삼봉해변	5.2km	90분
▷ 날머리	16:50-18:00	신온삼거리	4.6km	70분
▷ 합계			29.9km	460분

▷ 숙소   소라모텔(041 675 2770 / 태안군 남면 신은리)

▷ 볼거리   자연 휴양림, 밧개해수욕장, 백사장해수욕장

▷ 비용   대천항-영목항 8,000원/방포항 회덮밥 10,000원/커피, 물, 아이스바 4,000원/여객터미널
우동 4,000원/김밥 2,000원/신온삼거리 닭개장 7,000원/소라모텔 30,000원/計 65,000원

아침 7시 20분 대천 연안여객선
터미널에서 원산도 저두선착장, 효
자도선착장을 거쳐 안면도 영목항
에 8시 05분 도착! 영목항은 5~6
월 성어기에 잡은 까나리로 액젓을
담는다. 냄새가 강하지 않고 깔끔
해서 김장철 주문이 몰린다. 파도
없는 잔잔한 바닷길이었다. 안면도
77번 국도는 좌우로 살펴봐도 바

대천-영목 카 페리

다가 보인다. 안면도는 좌우로 최장 10㎞ 미만이고 영목–안면대교에 이
르는 77번 국도가 28㎞밖에 안 되는 길쭉한 고구마를 닮은 섬이다. 천
수만을 동쪽에 끼고 보령시와 원산도 사이에 해저터널이, 원산도와 영목
사이에는 연륙교가 준공되면, 安眠이란 글자 그대로 편안한 수륙 양면
으로 교통의 요지가 될 것으로 보인다. 우거진 송림을 낀 해안 사구층의

안면도 자연 휴양림

밧개해변　　　　　삼봉 해변

밧개 해수욕장에서 이십리에 걸쳐 해안 데크 산책로에 펼쳐진 그야말로 명사십리가 아닌 명사 이십리가 백사장 해수욕장까지 펼쳐져 있다.

　우리나라 6번째 큰 섬이지만 조선 인조 때(1638년) 운하를 파면서 육지에서 섬으로 되었다가 지금은 안면대교로 육지와 잇고 있다. 또한 조선 시대에 온통 소나무가 무성하여 왕실의 관을 짜기 위한 해송 숲으로 관리되기도 해서 지금도 해송 숲이 아름답고 해안사구가 수려하다. 안면대교 아래로 흐르는 조류가 무척 빠르다. 하루 종일 바닷가 노을길 나무 데크를 걸으면서 태안 해안 국립공원의 고마움을 가슴 깊이 새긴다. 칠십리 해안선과 천수만을 낀 내해를 지닌 안면도는 숲과 바다를 품고 있는 천혜의 자연환경을 지니고 있다.

노을길 5코스　　　　　꽃게 금어기

102일차 **15.5.7.(목)**

태안 신온삼거리 ~ 서산시 팔봉면 덕송리 266-12

달산포에서 몽산포에 이르는 환상의 솔 모래길

▷ 들머리	태안 신온삼거리		
1구간	07:00~08:00	한서대 비행장 삼거리	3.6km	60분
2	08:10~09:00	네이쳐월드 후문	3.0km	50분
3	09:10~10:30	달산포해변	6.1km	80분
4	10:40~11:50	평화과수원 삼거리	4.6km	70분
5	12:00~13:50	우리집 감자탕(태안시장)	7.6km	110분
6	14:30~15:00	청소년수련관	2.1km	30분
7	15:10~16:20	도내리 보건진료소	4.7km	70분
▷ 날머리	16:30~17:30	노을과바다펜션	3.5km	60분
▷ 합계			35.2km	530분

▷ **숙소**   노을과 바다펜션(서산리 팔봉면 덕송리 266-12, 041 668 4550)

▷ **볼거리**   튤립축제

▷ **비용**   조식 네이쳐 월드 후문 분식 잔치국수 5,000원/맥주, 새우깡 2,000원/중식 태안시장 입구 감자탕집 7,000원(041 672 8771)/석식 생생우동 3,600(1800x2)원/숙박비 40,000원/計 57,600원

아침 일찍 길을 나섰다. 튤립축제가 마
검포항 인근 네이쳐 월드에서 열리고 있
다. 축제장 가는 길에 한서대 태안비행
장에서 경비행기 두 대가 이착륙하고 있
고 태안 염전밭에 5개 소금상점(삼안,
송화, 서산, 의성, 이화사)이 영업하고
있다. 후문 쪽에서 간이천막휴게실 잔치

안면도 쥬라기 공원

국수로 아침 끼니를 해결하고 달산포에
서 몽산포에 이르는 솔모래길 4코스 구간 중 2km를 송림 속으로 걷는
다. 태안, 안면도의 솔모래해변길, 노을길은 정말 환상적이다. 그러나 태
안군에 이르는 77번 국도는 도보행군 하기에는 너무 악조건이다. 화물
차, 승합차, 소형트럭 너나 할 것 없이 무시무시하게 달린다. 더구나 인
도, 차도 구분 없는 데다가 지금은 국도 확장공사 중이다. 내년에 공사가
빨리 끝나길 기대해본다.

　하동 동생이 모레 치과의사 연수차 상경길에 왜목마을을 구경한다길래
가로림만의 왼쪽 한 자락을 차지하고 있는 태안군 학암포, 신두리 사구,
만리포 등지는 다음 주일로 미루고 태안 읍내를 가로질러 가로림만의 오

태안 염전

달산포 해변

몽산포 해수욕장

른쪽 서산 끝자락으로 향한다. 태안의 끝자락과 서산으로 이어져 호수처럼 펼쳐진 전망 좋은 노을과 바다펜션에 여장을 풀었다. 친절한 주인 부부(문정길, 이연화 님) 덕분에 승용차로 면 소재지까지 나가 저녁거리를 사주시고 숙박비 할인에다가 밥, 김치, 만두까지 푸짐하게 제공해주신다. 내일 아침까지 해결이다! 은퇴 귀농한 주인의 마음 씀씀이가 고마워 맥주 한잔 대접하다! 복 많이 받으시길…

노을과 바다 펜션
문정길 님과

103일차 **15.5.8.(금)**

서산 팔봉면 덕송리 266-12 ~ 삼길포항 입구

중국 교역에 유리한 지형으로 달라지는 서산

▷ 들머리		서산 팔봉면 덕송리		
1구간	08:00–08:50	팔봉초등교	3.0km	50분
2	09:00–09:40	흑석 소류지 입구	2.9km	40분
3	09:50–11:10	산성초등 삼거리(폐교)	5.3km	80분
4	11:20–12:20	지곡휴게소	3.6km	60분
5	12:50–14:10	대산중학교	5.5km	80분
6	14:20–15:40	명지보건진료소	5.3km	80분
▷ 날머리	16:00–17:00	삼길포항 입구	4.6km	60분
▷ 합계			30.2km	450분

▷ 숙소   서울 자택

▷ 볼거리   서산 팔봉산(361.5m), 벌천포해수욕장

▷ 비용   조식 농심 생생우동/대산중학 앞 매점 냉커피 1,500원/중식 지곡휴게소 편의점 김밥, 바나
나우유, 냉커피 6,000원/석식 한진포구 회타운/計 7,500원

팔봉초등학교

아침에 펜션 이연화 여사장님
이 주신 혼합곡 밥과 만두 그
리고 생생우동으로 끼니를 맛
있게 해결! 문 사장님과 인사를 나누고 뒷동산을 넘어서 덕송리 동네 야
산길을 따라 좁은 마을 도로를 계속 걷노라니 길가엔 온통 마늘밭, 양
파밭이다. 양길리 도로를 벗어나 대황리, 연화리, 장현리, 신성리를 지

아라에길

나는 동안 동네 개들만이 나그네를 환영한다. 삼
십리 농로 길을 지나 지곡휴게소 앞에서 29번 국
도를 만난다. 국도 길은 역시 무시무시한 트럭들이
쉴 새 없이 달려온다! 4차선 도로 옆에는 가드레일
조차 없는 곳이라 대산을 지나 대호방조제가 있는
곳까지 힘든 걸음을 계속한다. 둘째 동생이 서울
상경하는 길에 격려차 삼길포로 데리러 왔다. 형님
고생한다고. 고마운 동생이다, 그래서 형제! 한진포
구 회타운에서 소주 한잔!

대산1리

서산시는 서쪽으로 태안군, 동쪽으로 당진시와
예산군, 남쪽으로 홍성군을 끼고 북쪽으로 서해와
접하고 있어 중국과 교역이 활발해지고 있다. 즉,
대산임해공업지역(석유화학단지, 서산테크노밸리,
현대오일뱅크, 삼성토탈 등)이 조성되어 있고 간척
사업으로 농수 특산물(마늘, 생강, 간척지 쌀, 어리굴젓 등)이 풍부하고
문화유적지도 즐비하다.

104일차　　**15.5.18.(월)**

태안버스터미널 ~ 신두리 해안사구

전국의 자원봉사자 123만명이 되살려낸 태안바다

▷ 들머리	태안버스터미널			
1구간	07:40─08:40	두야교차로	4.0km	60분
2	09:00─10:10	소원 파출소	6.6km	70분
3	10:30─11:30	송현 솔향기펜션 입구	2.2km	60분
4	11:50─13:10	만리포 온양식당	4.5km	80분
5	14:00─15:10	백리포해변	4.4km	70분
6	15:30─16:20	만리저수지	3.0km	50분
7	16:40─17:20	소근교	2.7km	40분
▷ 날머리	17:30─18:20	신두리 일번지펜션	3.2km	50분
▷ 합계			30.6km	480분

▷ 숙소　신두리 일번지펜션(한인수, 041 674 0042) / 5.17 태서모텔(041 675 1866)

▷ 볼거리　천리포수목원, 두웅습지, 신두리 해안사구, 만리포해수욕장, 백화산 마애삼존불

▷ 비용　조식 된장찌개 7,000원/서울남부─태안 버스 9,000원/태서모텔 40,000원/중식 만리포 온양식당 삼계탕 12,000원/태안남원식당 돼지두루치기 10,000원/숙박 신두리 일번지펜션 40,000원/소주 3,000원/맛강정, 커피 3,200원/새우깡 1,050원/사이다, 아이스바 2,700원/계 127,950원

만리포 해수욕장

지난주 동생과 만나려고 안면도에서 팔봉면을 거쳐 가로림만을 왼쪽으로 끼고 삼길포로 갔으나 월요일부터 태안해안 국립공원을 살펴보려고 일요일 태안으로 내려왔다. 월요일 아침 일찍 터미널 인근 태서모텔 옆 골목 식당에서 된장찌개를 맛있게 먹다. (일요일 저녁에도 돼지 두루치기에 소주 한 병!) 4차선 국도가 두야 교차로부터 만리포까지 확장공사 중이다. 만리포에 들어서니 천리포수목원, 백리포, 십리포로 이어지는 태안해변길 2코스 소원길(만리포─신두리 22km)을 보니 국립공원으로 지정될 가치가 있는 서해안 최고의 명소라 할 만하다.

끝없이 이어지는 모래언덕에는 갯그령, 갯방풍 등 사구식물이 무리를 이루고 있고 조

만리포는 옛날 명나라의 사신을 환송할 때 수중만리 무사항해를 기원하는 전별식을 했던 곳이다. 이 전별식을 가졌던 해변을 수중만리의 '만리'란 말을 따 '만리장벌'이라 하다가 현재는 '만리포'라 부르게 되었다.

닭섬

류, 양서류, 포유류, 파충류가 살고 있으며, 가까이 두웅습지는 2007년 람사르 습지로 지정된 생태계의 보고이다. 사막 사구와 다르게 배후산지의 물이 바다로 빠져나가지 못해 모래 틈에 저장되어 7000년 이상 사구 습지가 형성되어 300여 종 이상의 식물이 자생하고 있다. 내일은 태안해변길 1코스 바라길(신두리−학암포 12㎞)을 걸을 생각이다. 그런데 2007년 12월 만리포 해수욕장 10㎞ 전방 해상에서 홍콩선적 유조선과 삼성중공업 해상 크레인이 충돌하여 중동산 원유 10,900톤이 태안 만리포와 주변 바닷가를 덮치는 사고가 발생했다. 그 후 어민들과 전국의 자원봉사자 123만명이 장갑 낀 손으로 바닷가 구석구석을 닦았다. 이로부터

신두리 해안

신두리 해안

8년이 지난 지금, 신진도 앞바다에 상괭이고래, 점박이물범이 나타나고 바지락이 대량 양식되고 있다. 자연과 인간의 힘으로 되살려낸 태안반도와 바다이다.

태안은 國泰民安의 줄임말이 지명으로 사용된 곳으로 광주산맥의 지맥이 융기한 백화산, 팔봉산이 길게 배열되어 서해에 맞닿아 있고, 복잡한 리아스식해안 길이가 531㎞에 달한다. 안면도 등 유인도가 11개, 무인도가 107개로 서해안 최고의 절경을 자랑한다. 따라서 군 단위 지역으로서는 전국 최다 해수욕장, 문화유적, 축제(국제꽃박람회, 태안 튤립축제, 백사장대하축제 등)를 자랑한다.

넓은 신두리해수욕장을 펜션 정원으로 사용하는 신두리 일번지펜션의 주인장 한인수(62세) 님은 대전 양반으로 아들 한상기 님을 도와 이곳에 정착하여 일하고 계신다. 평일이라 할인된 요금에 집 앞에서 잡은 소라고둥에 소주 한 병 맛있게 대접받았다! 고마우신 분이다!

일번지 펜션 한인수 님과

105일차 **15.5.19.(화)**

신두리 해안사구 ~ 만대항(태안군 이원면 내리)

36년 전 다리가 놓였더라면…

▷ 들머리	신두리 해안사구			
1구간	07:50–09:30	전원풍경	6.9km	100분
2	09:40–10:20	학암포 입구	3.0km	40분
3	10:30–12:10	이원방조제 입구	6.9km	100분
4	12:30–13:10	이원방조제 출구	3.0km	40분
5	13:20–13:50	와우재식당	2.1km	30분
6	14:40–16:00	내3리 다목적회관	5.4km	80분
▷ 날머리	16:20	만대항	(5.7km)	자동차
▷ 합계			27.3km	390분

▷ 숙소   만대수산 민박(이운면 내리 39–29, 017 805 8344, 041 675 0108)

▷ 비용   조식 누룽지/중식 와우재갈비탕 10,000원/커피, 아이스바 3,900원/석식 회덮밥 10,000원/
소주 3,000원/멍게 6,000원/숙박 30,000원/計 62,900원

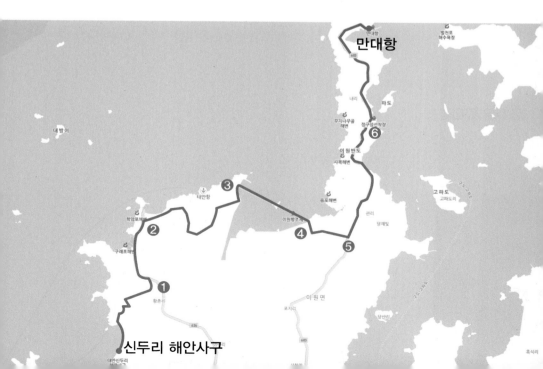

신두리 해송길

아침 한씨 부자(펜션 주인)와 인사를 나누고 곧장 해안사구로 갔으나 신두리 해안사구 보호를 위하여 출입금지! 어쩔 수 없이 긴 해변을 걸어 학암포로 향한다. 모래 해변은 적당히 물기를 머금어 걷기에 안성맞춤이다. 신두리를 벗어나 황촌리 방조제 뚝방을 지나 해녀마을로 이어지는 태안해변길 1코스 바라길(학암포—신두리 구간 12㎞) 산길로 접어든다. 구례포해변이 조망되는 바라길전망대에서 기시내마을길로 접어들어 학암포로 향하는데 송림으로 이어지는 학암포의 풍광이 무척 오롯하다. 마음이 탁 트이는 느낌이다. 학암포를 지나 거대한 태안 화력발전소(한

구례포 해변(석갱이)

국서부발전)가 이원방조제까지 자리하고 있어서 발전소를 끼고 근 이십 리 길을 걸었다. 가로림만을 끼고 태안군 이원면 만대항과 서산시 대산읍 벌천포해수욕장이 불과 바다 폭 1㎞ 거리에 마주하고 있다.

79년 10월경 당시 대통령 박정희는 삽교천방조제 준공식 직전에 서산 대산읍 벌천포에서 태안 만대항 쪽으로 거대한 대교 건설을 기획하였다. 만약 36년 전 다리가 놓였더라면 서울-평택-당진-태안반도의 해변길과 태안의 오지마을 이곳 이원면 내1리, 내2리, 내3리가 어떻게 변했을까? 무척 조용한 조그만 어항 만대항에서 가로림만 건너 벌천포를 바라본다.

갑자기 쏟아지는 빗속에 고맙게 펜션의 젊은 주인(양경석 님, 37세)이 내3리 다목적회관까지 배웅나와 주어 비를 피했다. 고맙다. 만대항 제일 끝에 1층 CU 편의점과 그 옆 건물 만대수산까지 부부(양경석, 강성미 님)가 운영하는데 참 열정과 생활력으로 가득한 부부이다! 저녁 회덮밥에 멍게 한 접시, 소주 한잔!

106일차   **15.5.20.(수)**

만대항 ~ 무내교차로(태안읍 삭선리 813)

가로림만에 자욱한 바다 안개

▷ 들머리	만대항			
1구간	07:20–08:30	내3리 다목적회관	5.7km	70분
2	08:40–09:50	와우재	5.4km	70분
3	10:10–11:00	이원농협	3.0km	50분
4	11:20–12:10	사창리 325-2	3.7km	50분
5	12:20–13:00	만선당약국	2.9km	40분
6	13:20–13:50	청산2구 경로당	2.3km	30분
▷ 날머리	14:10–15:50	무내교차로	6.5km	100분
▷ 합계			29.5km	410분

▷ 숙소   삼길포 대산항 민박(서산시 대산읍 화곡리 35-1 / 041 663 8320)

▷ 볼거리

▷ 비용   조식 북어칼국수 2,500원/중식 빵 2,000원/소세지 1,500원/바나나우유 1,200원/커피 1,200원/요플레 2,000원/석식 삼길포 회식당 주꾸미볶음 30,000원/소주 3,000원/공기 2,000원/숙박 30,000원/計 75,400원

만대솔향기길 황토토판염전

　새벽안개가 짙다. 만대항 가까이 떠 있는 조그만 어선이 바다 안개에 실
루엣만 그려진다. 신비롭다. 태안의 맨 윗부분 반도의 끝자락, 사막의 파
수꾼 미어캣을 닮은 만대항에서 다시 어제 왔던 길, 와우재 옆길까지 십
리 가까이 걷는다. 멀리 이원방조제 너머 태안 화력발전소 굴뚝 3개가 어
슴푸레 동산 너머 보인다. 길게 이어진 산등성이는 우거진 송림이 열병식
인 양 도로 오른쪽으로 도열이다. 열중쉬어! 차렷 자세이다. 아내가 당진
에 일 보러 왔다가 무내 교차로까지 와서 103일 차(15.5.8.) 도착지인 대
호방조제 입구 삼길포항까지 바래다준다. 한결 쉬운 여정이 되겠다.

이원면 내리

낙지와 굴의 고장 이원면

태안–서산, 서산–삼길포로 향하는 시외, 시내버스를 타지 않고 편하게 삼길포로 들어왔다. 석식 후 아내는 서울로 가고 늦은 시간 숙소를 잡고 보니 대산항 민박집의 주인아주머니가 친절하게도 숙박비를 할인해 주신다. 무척 깨끗하게 정돈된 방이다. 편한 휴식으로 오늘 마무리!

무내 교차로

107일차　**15.5.21.(목)**

삼길포항 ~ 당진시 송악읍 고대리 안섬휴양공원

일출, 일몰, 월출까지 볼 수 있는 왜목마을

▷ 들머리		삼길포항		
1구간	07:20–08:20	도비도휴양단지	3.9km	60분
2	08:30–10:30	왜목항 거북이식당	8.2km	120분
3	10:50–11:30	용무치항 입구	2.5km	40분
4	11:40–12:10	장모님한식뷔페	2.1km	30분
5	13:00–16:30	석문방조제 출구	11.9km	210분
6	16:40–18:00	현대제철 당진공장	5.8km	80분
▷ 날머리	18:10–18:30	안섬휴양공원	1.6km	20분
▷ 합계			36km	560분

▷ 숙소　　안섬 그린힐 파크여관(041 355 0067)

▷ 볼거리　대호방조제(7.8km), 석문방조제(10.6km), 왜목마을, 난지도

▷ 비용　　조식 삼길포 만나뷔페 6,000원/커피, 참외, 바나나우유, 땅콩 11,000원/중식 장모님 한식
　　　　　뷔페 6,000원(041 352 5513)/숙박비 30,000원/석식 큰집숯불갈비 부대찌개 6,000원(041
　　　　　356 5478)/계 59,000원

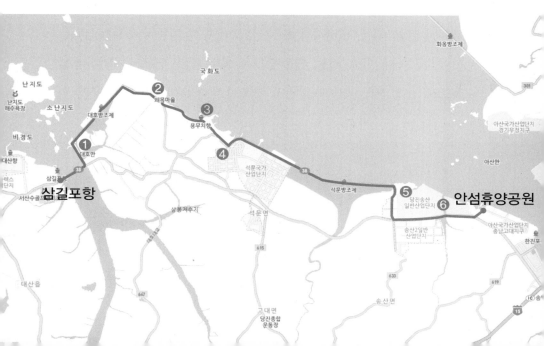

삼길포항

당진시는 동북쪽으로 아산만과 삽교호를 끼고 서쪽으로 서산시, 남쪽으로 예산군에 접해있다. 북부해안이 리아스식이지만 간석지가 넓어 좋은 항구가 없어 해양기지로 발전하지 못하고 또 당진 평택 매립지 관할권을 가지고 경기도 평택시와 충청남도 당진시가 다투고 있는데 잘 해결되었으면 하는 바람이다. 충남 최대의 산업단지, 즉 석문국가산업단지, 송산2일반산업단지, 합덕산업단지, 송악 산업단지 등이 당진의 산업과 경제 축을 이루고 있다.

아침 일찍 일어나 근처 뷔페에서 아침을 먹고 대호, 석문방조제 18.4㎞와 당진의 현대제철 담벼락 길 10㎞를 따끈따끈한 햇살 아래 피할 그늘도 없이 칠십리길! 고생길이다. 대호방조제 끝자락 도비도 휴양단지가 제법 관광객으로 붐빈다. 인근 대난지도, 소난지도는 희귀약초와 난으로 유명하다. 가까이 왜목마을은 마을이 왜가리 목처럼 생겨서 이름 지어졌는데 일출, 일몰, 월출까지 볼 수 있으며 매년 해돋이 축제가 열리는 곳이기도 하다. 일출, 일몰, 월출을 모두 볼 수 있는 이유는 해안선이 남쪽으로 길게 뻗어 나가 마을 동서 양쪽이 바다이기 때문이다. 일출, 일

대호만

대호만

몰 감상의 최적지는 낮은 석문산(79m) 정상이다.

 마침 지난주 5.16(토)에는 김승진 선장의 무기항, 무원조 요트 세계일주 성공기념회가 출발, 도착지인 이곳 왜목에서 열렸다.

 14.10.19.~15.5.16. 210일간 41,900㎞를 로빈슨 크루소처럼 극한 항해의 꿈을 이룬 53세 사나이에게 존경의 마음을 전한다.

 왜목마을에서 용무치항으로 가는 낮은 고갯길에 왜목터널이 있는데 터널 위 조용한 산길을 이용해 넘어가 본다. 석문방조제 뚝방길은 그늘 한 곳도 없는 이십오리 길이다. 뜨거운 햇살을 피해 방조제 끝 가야농산상

왜목항

왜목항

장고항 실치마을

회에 들렀더니 이용범 사장님이 친절하게 커피,
냉수를 대접해 주신다! 고맙다.

　석문 국가산업단지를 돌아 현대제철소 정문과
1, 2, 3문을 거쳐 안섬 휴양공원으로 들어선다.
길고 긴 36㎞의 고행길이다. 오늘은 푹 쉬자! 그
린힐 파크는 여관이지만 무척 깔끔하다. 연세든
주인 내외가 무척 친절하다. 주위에 다른 숙소
는 없다!

108일차 15.5.22.(금)

당진시 송악읍 고대리 안섬휴양공원 ~ 평택시 현덕면 권관리 평택호 관광단지

제방으로 걷는 삽교천방조제·아산만방조제

▷ 들머리		송악읍 고대리		
1구간	06:00–07:20	송악휴게소	6.2km	80분
2	07:30–08:20	매산교	3.4km	50분
3	08:30–08:50	게네사렛교회	1.8km	20분
4	09:00–09:30	부수리마을회관	2.0km	30분
5	09:40–10:20	삽교호 함상공원	2.5km	40분
6	10:40–11:40	인주과적검문소	3.3km	60분
7	12:00–13:10	공세리 아산만방조제	4.6km	70분
8	13:20–14:20	어촌회집	3.7km	60분
▷ 날머리	14:30–14:40	현덕교차로	0.8km	10분
▷ 합계			28.3km	420분
▷ 숙소		서울 자택		

▷ 비용   조식 참외, 누룽지/중식 어촌회집(031 681 1230, 평택 권관리) 조개칼국수 6,000원/권관2
차–안중(시내 82–1 버스) 1,100원/안중–서울남부 버스 6,400원/잠실 시내버스 1,200원/계
14,700원

오전 6시 길을 나서다. 아침 38번 4차선 국도에는 무수한 화물차, 버스, 출근하는 승용차가 송악IC에서 대호방조제 쪽으로 긴 행렬을 이루고 달려간다. 얼굴 가림천을 하고 걷지만 줄지은 듯 달려가는 차량들의 매연엔 당해낼 재주가 없다! 당진IC를 지나서 인도가 없어졌지만 다행히 국도 옆 샛길(시멘트 포장도로)이 매산리, 부수리를 거쳐 함상공원까지 이어진다. 함상공원은 대형 상륙함과 구축함, 장갑차, 항공기를 전시하고 있다. 외부 관광객을 위한 각종 편의시설도 잘 갖추고 있다. 주변 음식점, 수산물가게도 싱싱한 해산물이 풍성하다. 오늘은 무척 덥다. 삽교천방조제(3.4㎞, 79.10.26. 준공)는

故 박정희 대통령이 서거한 날 준공되어 아산만방조제와 더불어 당진, 아산, 예산, 홍성지역에 농업, 공업용수를 확보하고 대단위 간척지로 농경지 확보, 충청도 서부 지역의 교통 접근성 확보 등 지역 사회에 기여한 귀중한 방조제이다.

아산만방조제(74.5.22. 준공)로 진입하는데 두 눈 부릅뜨고서 인도의 구분이 없는 국도를 바쁘게 걸어 겨우 방조제 뚝방으로 올라가서 걸었다. 다행이다. 그런데 문제는 방조제 끝 아산호 준공기념탑이 있는 전망대에서 수문갑문 차도 위의 쪽문이 잠겨있어서 부득이 차도로 경광봉을

삽교호 함상공원

아산만 방조제

흔들며 걸어간다. 다행히 갑문 길이
가 100m 정도이다. 평택호 관광단
지 외곽 어촌횟집에서 조개칼국수
로 늦은 점심 해결! 삼거리 위쪽 권
관2리 입구에서 버스를 타고 안중
버스터미널에 도착, 서울 남부터미
널로 가는 버스로 환승! 오늘의 여
행을 끝낸다.

109일차 15.5.26.(화)

평택시 현덕면 평택호 관광단지 ~ 화성시 서신면 궁평항

넓게 드러난 개펄을 보며 건넌 9.8km 화성방조제

▷ 들머리	평택호 관광단지			
1구간	07:30–09:30	평택항 국제여객터미널	8.2km	120분
2	09:40–10:50	원정 보건진료소	5.2km	70분
3	11:00–11:30	해물나라	2.5km	30분
4	12:20–13:10	이화교차로	3.6km	50분
5	13:20–14:00	송탐정	2.8km	40분
6	14:20–15:10	화성방조제 입구	2.9km	50분
7	15:20–17:50	화성방조제 출구	9.8km	150분
▷ 날머리	18:00–18:20	궁평유원지	1.0km	20분
▷ 합계			36km	530분

▷ 숙소 비치모텔 (화성시 서신면 궁평리, 070 8819 0030)

▷ 볼거리 남양 방조제(2.0km), 화성방조제(9.8km)

▷ 비용 조식 김밥, 커피 2,200/중식 해물나라(032 682 6367) 청국장 6,000원/석식 치킨 18,000원/맥주 5,000원/숙박비 35,000원/計 66,200원

아침 6시 아내가 승용차로 평택호 관광단지까지 데려다준다. 버스로 이동하면 잠실에서 4시간(대기시간 포함) 걸리는데 7시 30분에 도착, 걷기 시작한다. 평택 국제여객선은 중국 5개 지역(영성, 위해, 연태, 연운, 일조) 항로를 운항 중이다. 인구 46만 명의 평택은 남양방조제, 화성방조제로 넓게 비옥한 농경지가 확보되고 있고, 첨단산업단지인 평택 고덕산업단지에 삼성전자가 85.5만평, 100조원 규모의 반도체 공장을 조성계획 중이다.

해군력의 상징으로 제2함대 사령부도 평택에 있다. 서해해역 경비 및 방위를 굳건히 하는 화성방조제는 무척 길다(9.8㎞). 이십리가 넘는다. 넓게 드러난 개펄을 보며 온갖 상념을 떠올리며 걸어도 방조제 끝이 보이지 않는다. 지친 몸으로 궁평항에 도착했다. 낚시와 일몰 촬영지로 유명한 곳이고, 캠프, 갯벌 체험도 활발하다.

평택항 국제여객터미널

서해대교 밑 도로

해군 제2함대 사령부

궁평유원지

110일차 **15.5.27.(수)**

화성시 서신면 궁평항 ~ 경기도 아산시 대부북동 쌍계사

국제 보트쇼의 전곡항과 대부 해솔길

▷ 들머리	궁평항			
1구간	08:00~09:10	용두교차로	4.3km	70분
2	09:20~10:10	광평삼거리	3.9km	60분
3	10:30~11:20	제부도 입구	3.6km	50분
4	12:40~14:20	탄도선착장	5.8km	100분
5	14:40~15:30	경기도 청소년수련원	3.2km	50분
6	15:50~17:30	마늘보쌈식당	5.9km	100분
▷ 날머리	18:30~19:20	쌍계사	2.8km	50분
▷ 합계			29.5km	480분

▷ 숙소 파타야 모텔(대부북동 1061, 032 885 0310)

▷ 볼거리 전곡항, 쌍계사, 누에섬 등대전망대, 어촌민속박물관

▷ 비용 조식 켄터키 치킨/커피 1,500원/가쓰오 우동 2,700원/중식 제부도 입구 해물칼국수 7,000원/석식 마늘보쌈(032 887 53822, 대부동동 942-1) 7,000원/숙박비 30,000원/計 48,200원

궁평항 불두화

화성시는 인구 56만으로 시청은 남양 읍에 있고 2001년 시로 승격되어 4읍 (남양, 봉담, 우정, 향남) 10면이 있다. 오늘은 화성시의 서쪽 끝 대부도 궁평 유원지에서 방아머리선착장 쪽으로 남 에서 북으로 걷는 코스이다. 날씨가 계 속 무척 덥다. 궁평항에서 마을 송림길 을 더듬어 비포장, 콘크리트길을 따라 백미저수지로 이어지는 길이 무척 평화 롭다. 제부도 입구에서는 과거 통행료를 받았는데 이제 무료다. 오늘은 하루 종일 제부도 통행 전자표시가 있다. 드러난 양쪽 개펄은 거의 무한 대로 시야갸 펼쳐진다. 제부도 입구 횟집에서 바지락 칼국수 한 그릇 맛 있게 먹고 자전거 도로가 잘 정비된 전곡항으로 향한다.

모세의 기적
제부도 길

전곡항은 조석 간만차에 구애됨이 없이 수심이 깊게 유지되어 요트, 보트 접안시설이 가능해, 매년 경기 국제 보트쇼와 코리아 매치컵 세계 요트대회가 열리는 이국적 어항이다. 탄도항에는 제부도와 마찬가지로 썰물 때 누에섬 등대전망대까지 시멘트도로를 따라 풍력발전기 세 대를 구경하며 바닷길을 걸어갈 수 있다. 군데군데 2차선 도로를 걸을 수밖에 없는 곳도 있어 조금은 위험하다. 조심해야 한다.

숙소 바로 앞에 1689년 조선 숙종 때 건립된 대한불교조계종의 본사 조계사의 말사 쌍계사가 있고 경기유형문화재 110호 아미타회상도와 현왕도(182호)가 보존되고 있다. 탄도항에는 누에섬전망대와 수족관, 어촌 생활상이 전시되어 있는 어촌민속박물관이 있고, 대부도의 북쪽 끝자락

해양휴양지 종현어촌체험마을에서는 조개잡이, 낚시 등 체험행사가 이루어진다. 대부 해솔길 1~7코스가 있는데 야트막한 산과 바닷길, 구봉도아치교, 낙조전망대 등이 압권이다. 그리고 사시사철 주말이면 서울, 경기 지역 걷기 동아리들이 많이 찾는 곳이다.

대부도 쌍계사

대부 해솔길

111일차   15.5.28.(목)

안산시 대부북동 쌍계사 ~ 인천 남동구 논현동 소래포구 역(수인선)

동춘서커스와 협궤철도의 추억

▷ **들머리**		대부북동 쌍계사		
1구간	07:00~07:20	북동삼거리 풍년한식뷔페	1.2km	20분
2	08:00~08:50	방아머리선착장	3.3km	50분
3	09:10~10:10	시화방조제 나래휴게소 공원	4.0km	60분
4	10:30~11:40	시화방조제 오이선착장	4.7km	70분
5	12:00~12:50	시화개발기념공원	3.4km	50분
6	13:10~13:30	빨강 등대	1.8km	20분
7	13:50~14:00	신나는 쭈꾸미	0.6km	10분
8	15:00~16:00	옥구공원	3.3km	60분
9	16:20~17:40	월곶역	4.8km	80분
▷ **날머리**	17:50~18:10	소래포구역	1.6km	20분
▷ **합계**			28.7km	440분

▷ **숙소**   서울 자택

▷ **볼거리**   소래포구어시장. 옥구공원. 오이도. 동춘 서커스

▷ **비용**   조식 풍년한식뷔페(032 882 1159) 6,000원/중식 오이도 신나는 쭈꾸미(031 432 0736)
        8,000원/커피(3) 4,500원/오뎅 2,000원/소래포구역–잠실 2,250원/計 22,750원

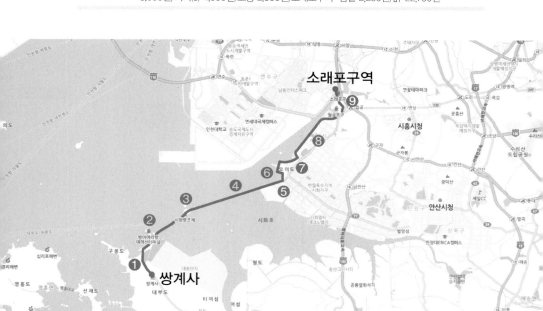

동춘서커스

쌍계사에 올라 아침에 예불을 드리고 길을 나서다. 길가에 한식뷔페가
있어 조식해결! 방아머리선착장에 들어서기 전 길가에 동춘 서커스가
있다. 동춘 서커스는 1925년 동춘 박동수 선생이 최초로 창단한 이후
60~70년대 전성기를 누리며 단원이 250명을 넘기도 했으나 그 후 쇠퇴
하였다가 2010년 이후 KRA(한국마사회)가 지원, 대부도에서 상설 정기
공연으로 그 명맥을 유지하고 있다. 방아머리선착장에 들어서니 자월도,
승봉도, 이작도, 덕적도 등지로 가는 자동차 행렬이 50대 이상 줄 서서
배를 기다리고 있다.

방아머리 선착장

시화 방조제

더운 날씨에 연신 아이스커피를 마시며 길이 11.2㎞의 시화방조제를 걷는다. 1994년 2월 준공되었고 간척사업 결과 여의도 60배에 달하는 간척지와 배후 영농단지, 공업용지, 관광휴양단지가 조성되었고, 2011년에는 조력발전소가 준공되어 세계 최대 254MWH 발전량이 생산되고 있다. 시화호가 간척 결과 약 1억년 전에 호수였던 것이 드러나고, 중생대 백악기 퇴적층에 공룡알, 둥지, 발자국 화석이 발견되어 남해안에 이어 서해안에도 공룡의 서식지가 있음을 확인시켜주고 있다.

시화호를 건너 오이도를 끼고도는 오이도 뚝방길, 옛 시인의 산책길에는 여러 시인의 작품이 표지석으로 서 있고,

시화 방조제 전망대

빨간 등대, 생명의 나무가 젊은이를 모여들게 하는 지역 명소가 되고 있다. 주변이 무수한 횟집과 조개구이 집들로 활기차다. 오이도 '辛나는쭈꾸미집'에서 매운 주꾸미 비빔밥에 시원 달콤한 묵 냉국 맛을 보고 칭찬을 아낌없이 드린다. 오이도 뚝방길과 이어진 옥구공원은 시흥시민에게 사랑받는 도시자연공원으로 고향동산, 숲속교실, 해양생태공원과 산책로 등이 조성되어 있고, 산 정상에 올라가면 시화방조제 대부도가 조망된다. 체육

오이도 기념공원

시설로 인라인스케이트장, 지압길, 축구장도 설치되어 있다. 옥구공원을 벗어나면 곧바로 2만 세대가 넘는 시흥 배곧 신도시 아파트단지가 조성 중이어서 쉴 새 없이 드나드는 레미콘 차량, 화물차 등으로 걷기에 열악한 코스가 4㎞ 넘게 월곶 포구까지 이어진다.

월곶 포구에서 소래포구로 연결되는 옛 수인선 협궤철도는 1937년 일제치하에서 염전의 소금 수송목적으로 개통된 수원 인천을 연결하던 궤도 폭이 좁은 철도인데, 1996년 1월 1일부로 운행중지 되었다. 지금은 월곶-소래포구에 구름다리 형태로 추억 몰이하는 관광객의 발길을 안

오이도 해양관광단지

월곶포구

아주는 장소가 되고 있다. 협궤열차 궤도 폭은 762mm로 표준궤도 폭인 1,435mm에 비해 거의 절반 수준이다. 과거 수인선(수원-인천)과 수려선(수원-여주)이 있었으나 모두 폐쇄되었다. 아련한 상념 속에 소래포구에서 오늘의 도보 여행일정도 마치고 소래포구역에서 4호선 오이도역으로, 2호선 사당역에서 잠실로 향한다.

차이나타운

옥구공원

112일차　**15.6.1.(월)**

소래포구 종합어시장 ~ 인천대교 기념관

거대국제도시로 도약하는 영종도

▷ 들머리		소래포구 종합어시장		
1구간	07:30~08:20	논고개길 사거리	3.0km	50분
2	08:30~09:40	동춘공원	4.3km	70분
3	09:50~11:00	옹암사거리	4.4km	70분
4	11:20~12:20	인하대 병원	4.0km	60분
5	12:30~13:20	인천역	3.3km	50분
6	14:10~14:50	월미도선착장	2.2km	40분
7	15:00~15:15	월미도~영종도	km	여객선
▷ 날머리	15:20~17:20	구읍뱃터~인천대교 기념관	7.0km	120분
▷ 합계			28.2km	460분

▷ **숙소**　박정일 님 댁(중구 운북동 361-1)

▷ **볼거리**　인천 차이나타운, 자유공원, 월미도

▷ **비용**　조식 종합어시장 간재미탕 25,000원/커피 4,000원/중식 인천역 앞 식당 순두부 5,000원/
LH 7단지~운북 콜택시 6,300원/석식 쌍둥이오리전문점(032 751 5282)/計 40,300원

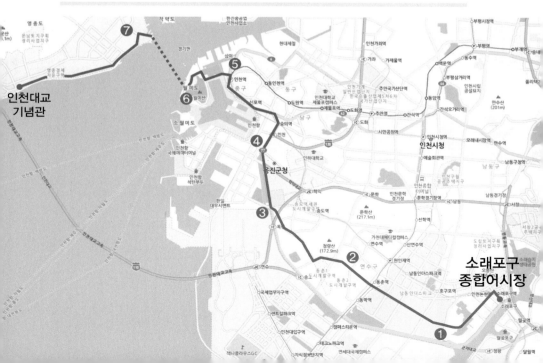

소래포구 재래어시장

소래포구

서울에서 소래포구까지 승용차로 1시간 10분, 외곽순환도로, 제3경인고속도로로 월곶포구를 지나 소래포구로 오다! 만약 대중교통을 이용했으면 2시간 30분 걸렸을 거리를…. 아내가 고맙다. 소래포구에서 아침 식사는 포구 앞 식당 간재미탕으로. 송도 신도시를 돌아 4차선 도로엔 화물차 승용차가 쉴 새 없이 지난다. 자전거도로, 인도가 송도 신도시라서 그런지 잘 정비되어 있다. 계속된 더위에 땀범벅이다.

인천은 활기찬 우리나라 제3의 도시다. 중국의 관문이기도 하다. 월미도 직전 차이나타운에는 대형 관광버스가 끝도 없이 줄지어 서 있다. 1883년 인천 개항 후 청나라 조계지가 설치되었고 1888년엔 서양식 공원 자유공원이 생긴 곳인데, 1967년 외국인 토지소유권 제한조치로 중국인이 대다수 철수했다가 최근 중국 특수 관

월미공원

영종도 박정일 님

광지로 급부상하고 있다. 1905년 개업한 중국집 공화춘이 1984년 폐업 후, 2012년 이 건물이 짜장면 박물관으로 새로 태어나 자장면의 스토리를 이어주고 있다.

월미도에 들어선다. 1950년 9월 15일 UN군 사령관 더글러스 맥아더의 주도로 시작된 상륙작전으로 한국전쟁의 전세를 뒤집었다. 작전 암호명은 크로마이트 작전이었다. 함정 206척, 7만명이 영종도 인근에 집결, 1단계 미 제5해병연대 3대대 월미도 점령으로 시작되었고 이후 서울 수복과 북진의 힘을 얻게 한 쾌거였다! 이제 영종도 국제공항이 들어서고 영종용유도는 우리나라의 제6대 섬으로 부상, 영종대교(2000년 11월 완공, 4.420km) 인천대교(21.38km 6차로, 2009년 10월 완공, 우리나라에서 가장 길고 주탑 높이가 230.5m로 가장 높다.)가 인천, 서울로 연결되어 지금도 거대국제도시로 개발 중이다. 곳곳에 공항 신도시, 영종 하늘도시 등 아파트 단지와 도시기반 시설이 들어서고 있다.

인천대교 기념관은 월요일 휴관이다. 사돈 어르신이 가르쳐 주는대로 버스를 타려고 LH 7단지까지 왔으나 버스가 오지 않아 콜택시를 불렀다. 다행히 몇 차례 뵌 적이 있는 사돈 어르신 영종도 토박이 박정일(43년생) 님이 막냇동생 대하듯 오리고기와 저녁에 해산물로 대접해주시고 숙식까지 제공해주신다.

113일차 **15.6.2.(화)**

인천대교 기념관 ~ 삼목선착장

카지노 개장과 함께 탄생하는 복합리조트 단지, 미단시티

▷ **들머리**	인천대교 기념관			
1구간	08:00–08:30	신불교차로 IC 남측방조제	2.4km	30분
2	08:40–10:50	거잠포선착장	8.1km	130분
3	12:00–13:00	행복두부집	4.0km	60분
4	13:50–15:00	북측 방조제 입구	4.9km	70분
▷ **날머리**	15:20–17:50	삼목선착장	9.2km	150분
▷ **합계**			28.6km	440분
▷ **숙소**	박정일 님 댁(운북동 361–1)			
▷ **볼거리**	실미도, 무의도, 장봉도, 신도, 시도, 모도, 을왕리 해수욕장			
▷ **비용**	조식 된장찌개.운북동–인천대교 기념관 7,900원/중식 초당순두부 7,000원(행복두부 032 752 3035) /석식 감자탕/거잠포–공항신도시 왕복 콜택시 30,000원/計 44,900원			

2001년 3월 인천국제공항이 개항되고 영종대교에 이어 인천대교가 개통, 용유도와 합쳐 국제공항도시 면모를 점차 갖추고 있다. 운서동, 운남동에는 신도시 고층아파트가 도열하고 있고, 운북동에는 2017년 개장되는 파라다이스 시티 카지

삼목선착장

노가 들어서면 복합리조트 도시 미단시티가 탄생할 것이다. 용유도 쪽에는 남쪽으로 무의도, 소무의도, 실미도가 휴양지로 각광받고 있고, 북쪽으로는 장봉도, 신도, 시도, 모도가 관광지로 알려지면서 휴일이면 삼목선착장에는 섬으로 건너가려는 수백 대의 차량 행렬이 도로변에 줄을 잇는다. 올해 6월에는 한림해운(032 746 8020)이 세종해운과 함께 도선허가되어 조금은 불편이 해소될 것이다.

사돈댁에서 편안한 하루를 보내고 아침에 콜택시를 불러 인천대교 기념관으로 갔으나 어제는 월요일 휴무이고 오늘은 아직 개장시간(10:00~18:00)이 되지 않아 개통되지 않은 신불교차로까지 대로 한가운데를 걸어가는 상쾌함이란… 그런데 거잠포선착장 입구에 이르러 스마트 폰 네이버 지도, 카톡이 사라져 버렸다. 컴 초짜가 거리계산 등 난감할 수밖에. 할 수 없이 콜택시를 불러 공항 신도시 SK텔레콤 대리점에 들러 앱 복구! 마침 트라이애슬론 선수 남궁효삼(33세)이란 멋진 직원이 친절하게 복구해준다. 무척 고마운 젊은이

친절한 남궁효삼 님의 트라이애슬론 완주증

선녀바위

다. 다시 콜택시로 거잠포로 가는데 왕복요금 같은 콜택시 요금이다. 무척 비싼 느낌이다(왕복 15,000원x2=30,000원). 그러나 제일 중요한 지도앱 복구비니까 다행으로 여기자! 영종 용유도 북측 방조제를 돌아 삼목선착장 가는 길엔 스카이 72 드림 골프 리조트 건설이 한창이다. 쉴 새 없이 화물차가 드나드니 먼지 속에 강행군이다.

114일차 15.6.3.(수)

인천시 중구 운북동 361-1 ~ 김포시 대곳면 약암로 874

시설은 상당한데 이용자는 초라한 경인 아라뱃길

▷ 들머리		인천시 중구 운북동		
1구간	07:20–07:40	미단시티	1.5km	20분
2	07:50–08:20	예단포선착장	2.7km	30분
3	08:30–09:50	삼목선착장 입구	5.2km	80분
4	10:00–10:30	운서역	2.2km	30분
5	10:50–11:00	운서역–청라역	km	공항철도
6	11:00–12:00	경인 아라뱃길여객터미널	3.5km	60분
7	12:50–14:00	한진해운 경인터미널	4.8km	70분
8	14:20–15:10	세어도선착장	3.3km	50분
9	15:30–17:00	우동·짜장&왕 돈까스집	5.0km	90분
▷ 날머리	17:50–18:00	부메랑모텔	1.0km	10분
▷ 합계			29.2km	440분

▷ 숙소   부메랑 모텔(031 997 3500)

▷ 볼거리   예단포, 아라인천여객터미널

▷ 비용   조식 사골국/숙박비 35,000원/커피 1,000원/중식 정서진 여객터미널 돈까스 8,000원/망고, 체리 10,000원/석식 냉면 6,000원/計 60,000원

아침 사돈의 배웅을 받고 개발이 진
행되고 있는 미단시티와 횟집이 깔끔
히 정돈된 예단포선착장에서 건너편 강
화도를 바라본다. 개펄이 드러난 바닷가엔
썰물때의 물골이 S자를 그리고 있다. 삼목선착

예단포 선착장

장 입구에서 운서역으로 와서 공항철도로 청라 국제도
시역에 도착. 인천 정서진 여객터미널로 걸었다. 평일이라 자전거 라이더
를 제외하고는 거의 손님이 없다. 시설 규모가 상당한데 경인 아라뱃길
의 번성함을 빌어본다. 여객터미널 바깥에는 정서진 표지석과 국토종주
자전거길 632,945m의 표식이 있다. 여객터미널에서 세어도선착장까지
는 자전거 도로가 구분되어 걷기가 쾌적한데 선착장에서 승마산 입구까
지 6km 구간은 왕복 2차선 도로 양쪽에 아예 인도가 없어서 보행자 도
보 통행이 불가능한 전국 최악의 도로다. 그나마 형체가 있는 보도도 풀
숲으로 뒤덮여 걷기가 무척 어렵다. 경광봉을 흔들며, 좌측통행하면서
위험한 도로를 악전고투하며 걷는다. 이런 줄 미리 말았으면 다른 코스
를 택했을 것이다.

정서진

西西津

인천광역시 서구

아라뱃길

세어도 선착장

우여곡절 다 겪고서 길가 부메랑모텔로 숙소를 정했다. 상당히 깔끔하였다. 먼지 뒤집어쓴 몸! 우선 목욕부터! 김포의 위치가 서울 경기 서북쪽 한강 하구에 위치하고 있어서 고양시, 파주시, 강화군과 마주하고 있다. 특산물 김포 금쌀, 포도, 인삼이 생산되고 있고 대명포구에는 해산물이 풍부하다. 또한 수도권 공업지역으로도 통진읍, 양촌읍, 대곶면 등지에 수많은 공장이 들어서고 있다. 그리고 역사적 관광자원으로 문수산성, 애기봉, 김포조각공원, 김포함상공원과 대명항이 유명하다.

국토종주 자전거길

세어도 선착장

115일차　15.6.4.(목)

대곶면 약암로 874 ~ 인천광역시 화도면 해안남로 2293

우리나라 현존 절 중 가장 오래된 전등사

▷ 들머리	대곶면 약암로			
1구간	06:30~07:10	대교기사식당	3.4km	40분
2	07:50~08:00	초지진	0.4km	10분
3	08:20~09:00	장흥1리 마을회관	3.0km	40분
4	09:10~09:50	전등사 대조루	2.8km	40분
5	10:30~11:40	함허동천	5.1km	70분
6	11:50~12:40	동막 서해촌(식당)	3.3km	50분
7	13:40~15:00	미루지(돈대 입구)	5.3km	80분
▷ 날머리	15:10~16:00	여차리(강화갯벌센터) 웨스트 포인트펜션	2.7km	50분
▷ 합계			26km	380분

▷ 숙소　　서울 자택

▷ 볼거리　초지진 봉오리돈대. 전등사, 동막해수욕장, 석모도

▷ 비용　　조식 초지대교 삼거리 대교기사식당 5,000원/커피(2) 3,000원/메론바(2) 2,000원/중식 동막 서해촌 콩나물황태해장국 8,000원/전등사 입장료 3,000원/計 21,000원

초지대교

아침 일찍 길을 나서다. 초지대교를
건너니 삼거리에 기사식당이 있다. 뷔
페식으로 든든히 챙겨 먹고 초지진에
들렀다. 초지진은 외적침입 방어기지
로 조선 효종 7년(1656년)에 구축한
요새이다. 그 후 1866년 10월(병인양
요) 프랑스 극동함대, 1871년 4월(신
미양요) 미국의 아세아함대, 1875년 8

초지진

월 일본 군함 운양호와 치열한 전투를 벌인 곳이다. 입장권은 1,000원이
지만 아직 개장 전이라 입장 불가였다. 초지진 진지 앞에 커다란 소나무
22그루가 있는데 신미양요 때 미국 군함에서 쏜 포탄 흔적이 남아있다.

초지진을 떠나 정족산 자락에 위치한 전등사에 오르니 은행나무 두 그
루가 나를 반긴다. 수령 750년, 350년 된 암수 두 그루이다. 전등사 대
웅전의 4곳 추녀를 받치고 있는, 대웅전을 지은 도편수의 사랑을 저버린
여인을 벌하려고(?) 조각한 나체 여인상이 이채롭다. 꽤나 익살스러운

전등사

조각상이다. 강화도는 단군이 하늘에 제
사를 지내는 성스러운 땅이었고, 몽고 항
쟁의 주 무대였던 곳이며 조선왕조실록을
보관했던 장사각, 왕실족보인 선원계보,
왕실의궤 등이 보관된 선원보각이 있던
곳은 전등사 정족산 사고다. 고구려 소수
림왕 11년(381년) 아도화상(阿道和尙)이

창건한 현존하는 우리나라 사찰 중 가장 오래된 절이다. 대조루 나무 그
늘에 앉아 녹음 푸른 경내를 한동안 둘러본다. 이따금 부는 바람이 귀
밑을 간지럽게 한다.

분오리 돈대

전등사를 벗어나니 길 곳곳에 강화특산
품 간판이 눈에 띈다. 강화인삼, 속노랑 고
구마, 순무, 사자발 약쑥 개똥쑥 등이 유명
하다. 동막 해수욕장 가는 길에 함허동천
이 있다. 조선 전기의 승려 기화(己和)가 마
니산(469.4m) 정수사를 중수하고 이곳에서

동막 해수욕장

수도한 곳이라 하여 그의 당호 함허를 따서 함허동천이라 하였고, 계곡의 너럭바위에 새겼는데 '구름 한 점 없이 맑은 하늘이 잠겨있는 곳'이라는 뜻이다. 지금은 전국 최고의 야영장이 자리 잡고 있어 캠핑족으로 만원이다.

동막 해수욕장은 길이 200m의 갯벌형 해수욕장이고 백사장 뒤로 해송 숲이 정겹다. 도로변에는 조개구이, 횟집이 도열해서 손님맞이에 열심이다. 해수욕장 옆에는 절벽요새 분오리둔대가 있다. 초지진의 외곽 포대였고 지금은 일출과 일몰 사진 찍는 장소로 유명하다. 동막 해수욕장에서 점심은 황태콩나물해장국으로! 해안가 횟집에서 1인분이라도 친절하게 차려주신다. 동막 해수욕장에서 장화리에 이르는 도로변에는 해변가, 언덕을 가리지 않고 펜션이 즐비하다. 저렇게 많은 펜션의 수익성(?)은 어떨까? 조금은 걱정이 된다. 화도면 여차리에서 이번 주일 4일 동안의 여행을 끝내고 서울로 돌아간다. 아내가 고맙게 강화도까지 모시러(?) 오다니, 복 많은 사람….

흥왕리 보리밭

116일차   15.6.8.(월)

강화갯벌센터 ~ 이강리 배꽃집 게스트하우스

벌판에 홀로 서 있다 하여 별립산!

▷ 들머리	강화갯벌센터			
1구간	08:00–09:00	장곶돈대	3.8km	60분
2	09:10–09:40	후포항선착장 입구	2.4km	30분
3	10:20–11:30	굴암돈대	4.5km	70분
4	11:50–13:00	외포리 단골식당	5.0km	70분
5	14:00–14:50	황청리삼거리	3.1km	50분
6	15:00–16:00	망월교회	4.0km	60분
▷ 날머리	16:20–18:00	배꽃 게스트하우스	6.3km	100분
▷ 합계			29.1km	440분

▷ 숙소   배꽃집(010 4039 1910, 강화군 화정면 이강리 250)

▷ 볼거리   보문사, 교동도, 마니산, 고려산

▷ 비용   조식 초지대교 기사식당 5,000원x2 10,000원/팥빙수 2,000원/냉커피 4,000원/소주 1,500원/중식 외포리 감자탕해장국 7,000원/숙박비 25,000원/석식 배꽃집 돼지불백 쌈밥/계 49,500원

장화리 해넘이 마을

오늘 서울에서 강화까지 아내가 데이트 겸(?) 데려다준다. 지난 6월 4일 들렀던 초지대교 삼거리 대교기사식당의 뷔페 식단이 무척 깔끔하다. 반찬 8가지, 된장국, 백반 등. 든든히 아침 식사! 서해갯벌센터에서 아내와 헤어져서 걷기 시작한다. 강화도는 우리나라 4번째 큰 섬으로 고려 시대 항몽의 결전지였고 근래 병인양요, 신미양요 등 외침의 현장이기도 했다. 지금도 휴전선과 임진강, 한강 하류를 사이에 두고 남북이 대치하는 역사적인 곳이다. 큰 섬이기에 간척지가 넓어 쌀, 잡곡, 인삼, 화문석, 순무 등이 특산물이며 육지와 연결된 강화 초지대교로 인하여 관광 휴양도시의 면모를 잘 갖추고 있다. 또한 문화유적지로 탁자식 고인돌, 마니산 참성단, 삼랑산성, 전등사, 보문사, 선원사 등이 있다. 지금은 석모도 삼산면과 내가면 황청리 사이에 삼산연륙교가 2017년 준공목표로 교량 건

장곶돈대

외포리 선착장

설 중이며, 강화 주변의 큰 섬 석모도와 교동도는 이제 강화와 연결되면 도시화가 빠르게 진행될 것이다.

강화도는 고려산(436m)이 강화도의 주산(主山) 역할을 톡톡히 하고 있어 해마다 4월 중순에 진달래 축제가 지역문화축제로 열린다. 드넓은 간척지 황청리, 구하리, 만월리 벌판을 가로질러 이강리로 접어들면서 계속 마주 보며 걸었던 별립산(416m)의 이름이 이채롭다! 대부분의 산은 굴곡지며 산과 산이 마디로 이어지는데 별립산은 별도로 벌판에 홀로 서 있다 하여 別立山이라 한단다.

이강리 게스트하우스 김남순 님(62년생)은 전남 함평 출신으로 이곳에서 전원생활 둥지를 튼 지 15년째라 한다. 원래 저녁 식사는 제공하지 않는데 주변에 식당이 없어서 부탁을 드렸더니 상추쌈, 깻잎쌈에 돼지고기 불고기 쌈밥에 목구멍이 미어진다. 맛과 정성에 취하며, 금상첨화, 깔끔한 8인실을 평일이라서 혼자 쓰는 호사까지 누리며 오늘도 행복하게!

배꽃 게스트하우스 김남순 님과

117일차 15.6.9.(화)

이강리 배꽃집 ~ 김포시 월곶면 고막리 분진중학교

강화의 아픈 역사를 어루만지며 걷다

▷ 들머리	이강리 배꽃집			
1구간	07:50–08:50	교산1리 마을회관	4.6km	60분
2	09:00–10:20	강화 평화전망대	5.3km	80분
3	10:40–11:30	당산리 검문소	3.8km	50분
4	11:40–12:50	송해우체국	4.9km	70분
5	14:00–14:40	고려궁지	2.8km	40분
6	15:00–16:00	갑곶돈대	3.8km	60분
7	16:40–17:30	찬우물팥칼국수	3.0km	50분
▷ 날머리	18:10–19:00	분진중학교	3.1km	50분
▷ 합계			31.3km	460분

▷ 숙소   뉴크리스탈모텔(031 987 4562)

▷ 볼거리   평화전망대(2500), 교동도, 고려궁지(900), 갑곶돈대(900) (강화전쟁 박물관)

▷ 비용   조식 배꽃집 된장 배추국/숙박비 30,000원/중식 삼계탕 10,000원/팥빙수, 과일, 커피
8,500원/석식 검정콩 냉콩국수 7,000원(찬우물 팥칼국수 묵밥전문점)/計 55,500원

강화 제적봉 평화전망대

아침에 배꽃집 김남순 님이 정성껏 차려주는 배추된장국에 잡곡밥, 순무김치, 두부조림 등 정갈한 아침상에 감격! 고마움에 축시 한 수 선물! 평화전망대까지 철산리 민통선을 통과하여 강 건너 북녘땅을 마주하며 도로를 걸었다. 끝나지 않은 전쟁을 이어가는 분단의 현실은 언제까지 계속될 것인지? 가슴이 답답하다. 철조망으로 둘러쳐진 현실을 뒤로하고 뙤약볕 속으로 강화읍내 고려궁지로 향한다.

고려가 몽골의 침략으로 개경에서 도읍지를 강화로 옮겨 39년간 사용한 궁궐터로 다시 환도할 때 모두 허물었다. 그 후에 강화 유수부 건물

강화 철산리

강화 나들길

이 세워졌으나 장녕전, 만녕전, 외규장 각 등도 병인, 신미양요 때 불태워졌고 지금은 외규장각 등 궁터가 일부 복원 되어 있다. 그나마 축소되어 옛날의 비극적 궁터가 처연해 보인다. 갑곶돈대 역시 대몽골 전쟁 시 강화해협을 지키 는 요새였다. 조선 고종 때 병인양요로 프랑스 극동함대가 1866년 9월 이곳에 상륙했다가 그해 10월 정족산성에서 양

헌수 장군에게 패하여 물러났다.

지금의 돈대는 1977년 보수, 복원된 곳이다. 또 이곳에 설치된 강화전 쟁 박물관은 선사·삼국시대·고려·조선·근대·현대의 강화도 관련 전쟁 의 역사, 유물, 무기 등이 전시되어 있다. 강화도 한 바퀴 갑곶돈대에서

강화 고인돌 체육관

강화 유수부 동헌

초지진까지 약 131km 구석구석 돌아보는 기회는 다음으로 미루고 주마
간산 식으로, 약 78km의 강화둘레길과 바닷가 도로를 며칠 동안 뙤약볕
속에서 강화의 아픈 역사를 같이 안으며 어루만지고 걸었다. 다시는 이
비옥한 강화 섬에 불행한 일이 없이 행복한 나날이 계속되기를 빌어보며
배꽃집 김남순 님에 드린 詩 한 수!

別立山下 雲霧盛(별립산하 운무성)　　별립산 아래 구름 안개 가득하고
梨江田畓 綠雨淸(이강전답 녹우청)　　이강리 논밭에 초여름 비가 맑구나
梨花宅內 人情滿(이화댁내 인정만)　　배꽃 집안에 인정이 가득하고
江華唯一 孤高昌(강화유일 고고창)　　강화에 오롯이 고고함이 번성하네

118일차   15.6.10.(수)

김포시 월곶면 군하리 분진중학교 ~ 고양시 일산동구 햇살로 발리등공예

일산대교를 넘어서 서해안 일주를 끝내고

▷ 들머리	분진중학교			
1구간	07:40–07:50	조각공원	0.6km	10분
2	08:00–08:40	철강백화점	2.9km	40분
3	08:50–09:50	서강데칼	4.2km	60분
4	10:10–11:20	봉성리삼거리	4.8km	70분
5	11:30–12:30	운양삼거리	3.5km	60분
6	12:50–13:20	올갱이 해장국	2.6km	30분
7	14:10–16:00	킨텍스 제2전시장	6.5km	110분
8	16:20–16:40	호수공원 노래분수대	1.9km	20분
▷ 날머리	17:20–18:00	발리등공예	2.7km	40분
▷ 합계			29.7km	440분

▷ 숙소   발리등공예(031 906 1257)

▷ 볼거리   김포조각공원

▷ 비용   조식 뷔페 5,000원 수정식당(031 987 9898)/체리 20,000원/중식 올갱이 해장국 7,000원
(김포시 운양동)/냉커피(5) 6,000원/석식 다슬기쌈밥(발리등공예 제공)/計 38,000원

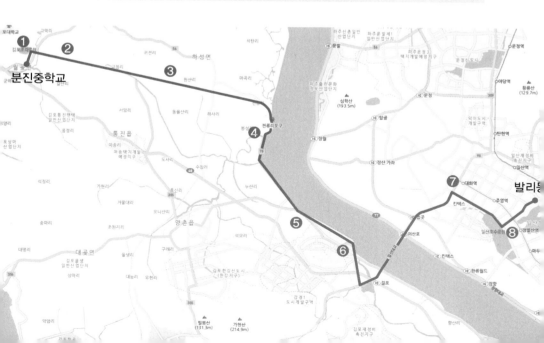

김포 고정리 지석묘

김포시 월곶면 고막리에 자리한 김포 조각공원은 1998년 16개 조각 작품과 2001년 추가 14 작품이 2km에 이르는 공원 산책로를 따라 설치되어 있다. 주변의 레포츠 공원, 눈썰매장, 청소년 수련관과 함께 관광타운으로 조성되어 있어 가족 지인들과 나들이 코스로 가볼 만한 장소이다. 공원을 나와 하성면을 관통하는 마을에는 중소기업체가 무수히 많다. 전류리 포구에 들어서니 한강 철책선을 따라 약 8km 자전거 도로가 인도와 함께 설치되어 있다. 봄, 가을에는 자전거 여행도 좋을 듯하다. 걸포교에서 일산대교로 통행하는데 별도의 자전거 도로(인도 겸용, 무료)가 있고 자동차는 통행료를 낸다. 일산대교는 2008년 1월 개통된 27번째 한강 다리로 유료이다.

일산서구 대화동에 자리 잡은 종합전시장 킨텍스는 2005년 4월 22만㎡ 규모의 제1전시장, 2011년 9월 20만㎡의 제2전시장을 만들어 서울

일산대교

호수공원 노래분수대

모터쇼, 한국전자전 등, 세계적인 전시·박람회 유치, 무역상담 등과 각
종 문화행사 공간으로 자리 잡고 있다. 발리등공예는 곽종두 님과 등공
예가 박금자 님이 운영하는 등공예품 공방으로 도보여행 2일 차 숙박한
곳이기도 하다. 동서끼리 도보여행 118일째 소주 한잔!

갤러리발리 식구들

길따라 바람따라

우리땅
둘레길

123일 3,456km

제 5 부

서울 도성길

- 5일 133㎞

2015.6.11~2015.6.19.

133k m÷5일=26.6km(일 평균)

비용 42,500원÷5일=9,000원(일 평균)

119일차   15.6.11.(목)

발리등공예 ~ 의정부 가능3동 한솔주유소(031 879 0051)

군 시절의 아련한 추억 – 지옥의 깔딱고개

▷ 들머리		발리등공예		
1구간	07:30–08:50	양조장 사거리	5.5km	80분
2	09:00–09:10	고양시청	0.7km	10분
3	09:40–10:30	낙타고개 삼거리	3.2km	50분
4	10:50–11:40	만남한식뷔페	3.7km	50분
5	12:40–13:30	목암3교	3.5km	50분
6	13:50–14:50	세븐일레븐 양주 장흥점	3.9km	60분
7	15:20–16:20	송추역	4.0km	60분
▷ 날머리	16:40–18:00	한솔주유소	4.5km	80분
▷ 합계			29.0km	440분
▷ 숙소	서울 자택			
▷ 비용	조식 죽/중식 만남뷔페 6,000원/커피(3) 3,000원/팥빙수 2,000원/計 11,000원			

서울 서북부의 배후도시로 일산과 덕양구를 품고 있는 인구 100만명의 '꽃보다 아름다운 사람들의 도시'라는 슬로건을 내건 고양시는 인구증가가 뚜렷하다. 거주, 교통, 교육시설이 잘 정비된 계획도시로 수도권 최대 호수공원이 있고 킨텍스 제1, 제2 전시장이 세계적인 전시 문화공간으

후기성도회 선교사 청년들

로 자리 잡고 있다. 아침에 풍산역 앞에서 만난 예수 그리스도 후기성도교회 선교사 청년·Tailer(21세, 미국), Paul Tof(24세, 호주)와 백마역까지 동행하면서 후기성도교회 선교활동과 한국생활(약 2년 정도)에 대해서 얘기를 나누었다.

낙타고개 삼거리를 지나면서 39번 국도를 따라 중간 분리대가 듬성듬성 있는 길을 무수히 달리는 자동차 행렬 속으로 약 20㎞를 걷는다. 고양시 능곡역과 의정부역을 잇는 교외선은 1961년 7월 개통된 32㎞ 구간

고양 시청·의회

송강 정철 훈민가

으로 벽제, 일영, 송추지역의 북한산, 도봉산, 사패산의 수려한 절경을 구경하는 관광객이 많았다. 이제는 도로망 확충으로 여객 취급이 모두 중지되어 폐역이 되었다(2004년 4월 1일 정기운행 중지). 지금은 철길 건널목의 차단기가 올려진 채로 있지만 언젠가 철로 위로 지나는 열차를 위해 긴 팔을 내릴 날이 있으리라 기대해본다.

벽제역 앞에 위치한 만남한식뷔페는 도보여행 118일간 만난 뷔페식당 중 단연 최고의 시설과 맛, 위생 시설이다. 군인, 통행인, 주변 생활인들로 식당이 꽉 찰 지경이다. 밥 3종류(백미-보리-잡곡), 국 2종류, 반찬(매일 주된 요리 바뀜) 12종류(당일은 오징어볶음이 추천메뉴), 후식(방울토마토, 식혜, 커피 등) 모두 맛깔스럽다. 위생상태도 매우 철저한 대규모 식당이다!!

의정부시 가능동으로 들어서니 멀리 사패산(552m)이 빛난다. 42년 전 '따불백'을 메고 자대 배치를 받고 부대 정문을 통과했던

만남한식뷔페

그 부대 앞이라 기억이 새롭다. 지금도 3개월마다 대대복무 동기들을 만나고 있어 부대 정문 사진을 카톡으로 보냈다. 대대본부가 있던 1921부대 간판이 깨끗하다. 옛날엔 7298부대였는데… 매일 아침 점호 시 체력단련으로 송추 방향 깔딱고개 왕복 4㎞를 입에서 단내가 나도록 뛰었던 힘든 구보가 지금도 차량이 줄을 잇는 고갯길 위로 아련하다. 특히 막걸리 회식 뒷날에는 고통스러운 지옥의 깔딱 깔딱(?) 송추고개였다. 당시 주월 3군사령부 예하 부대 소속으로 입대 당시 파월병장들로 대부분 구성되어 있어 상병급이 없었다. 우리 선임은 후반기 24주 통신교육(정비운용)을 받은 일병 2명뿐이었으니 그나마 6-12개월이 지나자 파월병력 제대와 함께 부대 전입 벼락 고참이 되어 대대교육 담당으로 대대본부 끗발(?) 병사가 되었다. 병장 같은 일병이었으니까! 상념에 젖어 부대 초병과 몇 마디 나눈다. 잠깐이나마 부대 막사를 구경하고 싶은 생각을 억누르고 오늘의 여정을 부대 길 건너편 한솔 주유소에서 마친다.

7298 부대

120일차 **15.6.16.(화)**

의정부 한솔주유소 ~ 구리시 동구릉

40년이 지난 부대찌개의 추억

▷ 들머리	의정부 한솔주유소			
1구간	07:30–08:00	의정부시청	1.9km	30분
2	08:10–08:30	의정부역 1호선	1.3km	20분
3	08:40–09:30	경기도청 북부청사	3.2km	50분
4	09:50–12:00	송산기사식당	8.4km	130분
5	13:00–13:40	장일셀프세차타운	2.7km	40분
6	14:00–14:50	록원교회	3.4km	50분
7	15:20–16:10	동우농장	3.1km	50분
8	16:30–17:20	동구릉	3.3km	50분
▷ 날머리	17:20–18:00	건원릉	2.0km	40분
▷ 합계			29.3km	460분

▷ **숙소** 서울 자택

▷ **볼거리** 동구릉

▷ **비용** 조식 집밥/동구릉 입장료 1,000원/커피(4) 4,500원/중식 송산기사식당(031 527 8720) 부대찌개 7,000원/석식 집밥/計 12,500원

경기도청 북부청사

아침 일찍 의정부 1921(7298) 부대 정문을 출발하여 의정부시 시청 쪽으로 걸었다. 40여 년 전 부대 외출증으로 의정부 시내로 나가서 부대찌개 사 먹던 추억어린 도로인데, 지금은 제법 도로가 넓어졌고 양주시청, 의정부시청, 호원동을 가로지르는 외곽도로망과 벽제, 송추, 사패산, 도봉산을 끼고 도는 서울 외곽순환도로가 서울, 구리 지역으로 이어져 있다. 태조 이성계가 1403년 함흥에서 한양으로 환궁할 때 지금의 호원동 전좌마을에서 조정 대신들이 정사를 의논했다는 것에서 議政府(의정부)라고 이곳 지명을 지었다고 한다.

의정부역 옥상광장을 넘어가 오거리를 지나 로데오 거리와 지금도 유명한 부대찌개 거리에 들어선다. 아침때라 가게 문을 열지 않았으나 골목 가득히 찬 40년 전의 추억어린 부대찌개는 6·25전쟁 이후 미군이 주둔했던 동두천, 철원, 의정부 등지 부대 보급창고에서 빠져나온 햄, 소시지, 베이컨을 고추

신곡고개 새거리

수락산 전경

장, 김치, 채소와 뒤섞어 끓인 것이 폭발적으로 인기몰이를 했다. 2008년에는 의정부부대찌개라는 대형 아치가 설치된 골목시장이 형성되었고 2006년부터 2014년까지 매년 10월경 부대찌개 축제가 열리고 있다. 30년 전통의 송산기사식당에서 부대찌개에 라면사리까지 밥 한 공기 쓱싹 비벼 먹는 맛! 오랜만에 느끼는 포만감(약간의 MSG 맛 포함)에 잠깐이나마 즐겁다.

6월인데 계속된 가뭄에 폭염이다. 의정부에서 수락산(640.5m)을 바라보며 남양주시 별내로 빠지는 43번 국도는 군데군데 터널공사, 확장·포장공사 중이다. 흙먼지를 뒤집어쓰고 동구릉에 도착했다. 동구릉은 조선 시대 왕릉 9개와 17위의 유택이 있고 2009년 2월 유네스코 세계유산에 등재되었다. 1408년(태종 8년) 5월 태조 승하 때 좌의정 하륜의 천거로 건원릉(태조릉)이 정해졌고 그 뒤 현릉(문종, 비), 목릉(선조, 비), 숭릉(현종, 비), 휘릉(인조의 계비), 원릉(영조, 비), 경릉(헌종, 비), 혜릉(경

건원릉

종, 비), 수릉(문조-순조의 장자와 신정왕후 합장묘)이 세워졌다.

구리시 인창동 동구릉의 숲길은 약 59만평의 넓은 땅으로 입구 매표소로부터 홍살문을 지나 갈참나무 숲, 소나무 숲 사이로 이어지면서 9기 왕릉 사이사이를 연결하는 순환로로 조성되어 1~2시간 삼림욕도 즐길 수 있는 도심의 휴식 공간이기도 하다. 한북정맥의 정혈에 해당하여 자리 잡은 건원릉(태조릉)은 좌청룡 우백호가 호위하고 조산(祖山)은 백운산, 주산(主山)은 검암산으로 후세 조선 오백년을 넘어 후손들이 천만년을 기리도록 자리 잡았다고 한다. 아무쪼록 대한국민의 발복처가 되길 빌면서 오늘 여행을 마무리한다!

동구릉 건원릉

121일차   15.6.17.(수)

구리시 동구릉 ~ 광주시 중부면사무소

유붕자원방래 불역락호

▷ 들머리	동구릉			
1구간	08:00—09:00	토평교	4.3km	60분
2	09:20—10:30	삼패공원(한강공원 상패지구)	5.0km	70분
3	10:50—12:20	팔당대교 쉼터	6.5km	90분
4	12:40—13:00	미사리 잉어집(원조 잉어집)	1.3km	20분
5	14:30—15:30	산곡 한우마을	4.2km	60분
▷ 날머리	16:00—17:30	중부면사무소	6.6km	90분
▷ 합계			27.9km	390분

▷ 숙소   서울 자택

▷ 볼거리   팔당대교 자마등쉼터(서진호 010 8326 3987), 삼패공원

▷ 비용   조식 집밥/커피 1,500원/중식 미사리 잉어집(031 792 2189) 메기매운탕/석식 집밥/計 1,500원

왕숙천 자전거길

집밥 든든히 챙겨 먹고 동구릉까지 아내가 바래다준다. 동구릉 입구 도로 건너 상가골목을 가로질러 한진그랑빌 APT 골목을 빠져나오면 곧바로 왕숙천 강변 산책길 자전거 도로가 이어진다. 왕숙천은 한강의 지류로 포천시에서 발원하여 구리, 남양주를 지나 한강으로 흐르는 하천으로 잘 닦여진 자전거 도로와 나란히 이어지고 곳곳에 세월을 낚는 강태공들이 다리 밑에 텐트 치고 망중한을 즐기고 있다.

동구릉에서 팔당대교에 이르는 오늘의 칠십리 여정에 고교동기이자 백두산 트레킹 동지인 이상섭 님이 삼패공원에 마중 나왔다. 정말 고마운 친구다. 뜻한 바 있어 서울에서 조금 떨어진 팔당역 인근 예봉산 자락에

왕숙천 공원

한강 자전거길

이상섭 님과

서 주경야독하는 양주거사(?)와 선문답하며 팔당대교 아래에 도착하니

다리 밑 쓰레기장이 환골탈태! 예쁜 카페가 들어섰다. 제법 많아진 자전

거 하이커족들의 휴식처로 안성맞춤이다. 3,400㎞ 도보종주 축하벽보

도 마련해놓았다. 카페 이름은 자마둥쉼터! 카페주인 서진호(47세)님! 늘

씬한 키에 미남이다. 이 낭만적인 호남형 사장님이 도보꾼 나그네에게

냉커피 선물까지… 정말 정겹다! 친구 상섭이 도보꾼 몸보신 시켜준다고

자마등 쉼터

미사리 잉어집에서 메기매운탕을 대접해
준다. 고맙다. 낮이지만 "유붕자원방래,
불역락호(有朋自遠方來 不亦樂乎)"(論語
學而篇), 소주 2병은 조그만 기쁨주!

가뭄대처 수목 물주머니

  바쁜 친구와 작별하고 음주운전이 아
닌 음주 도보통행이 시작되었지만 기분
은 하늘을 나는 것 같다. 도로와 구분
된 보도도 비교적 넓어서 걷기 좋다. 다
만 남한산(522m)과 검단산(658m) 사이
로 난 중부고속도로와 나란히 달리는 4
차선 국도에 과속으로 달리는 화물차는
정말 무섭다. 술이 확 깨는(?) 기분이다.
남한산성 입구 중부면사무소까지 아내
가 마중 나왔다. 역시…고맙구나!

중부 면사무소

122일차   15.6.18.(목)

광주시 중부면사무소 ~ 분당 탑마을 대우APT

삼배구고두례의 굴욕의 역사, 남한산성

▷ 들머리	중부면사무소			
1구간	08:00–09:10	광주시청	5.3km	70분
2	09:30–10:30	예은 공인중개사	4.4km	60분
3	10:50–11:20	월드금속철강	2.3km	30분
4	11:30–12:30	갈마터널 출구	4.0km	60분
5	12:40–13:40	분당플로라	4.1km	60분
6	14:00–14:20	사계진미	1.5km	20분
7	15:10–15:20	성남시청	0.8km	10분
▷ 날머리	16:10–16:30	탑마을 대우APT	1.9km	20분
▷ 합계			24.3km	330분

▷ 숙소   서울 자택
▷ 볼거리   광주시청, 성남시청
▷ 비용   조식 집밥/중식 콩국수 8,000원/냉커피 3,500원/석식 참치회/計 11,500원

경기도 광주 시청·의회

　서울 도성길 119일 차부터 서울 자택이 숙소라서 그런지 4일째 자택에서 푹 쉬고 출퇴근하는 도보 여정이 이어지고 있다. 아침 잠실에서 남한산성 순환도로를 한 바퀴 돌아 중부면사무소까지 드라이브! 또 걷기 시작! 이제 내일이면 123일간의 대한민국 둘레길 도보여행의 마지막이다. 힘내자!

　남한산성은 경기도 중부면 산성리 남한산에 자리하고 있는 2014년 유네스코 세계문화유산에 등재된 사적 57호이다. 북한산성과 더불어 서울을 남과 북으로 지키는 산성이며 신라 문무왕 때 쌓은 주장성의 옛터를 활용, 1624년(조선 인조 2년) 축성했다. 병자호란 당시 청태종에 무릎을 꿇고 삼배구고두례를 행한 인조와 소현세자의 슬픔이 새겨진 곳이기도 하다. 이제는 광주시, 하남시, 성남시의 멋진 등산코스, 둘레길 코스, 휴식장소를 제공해 주고 있다.

　성남 시내에 들어서자 갈마터널로 이어지는 국도 3호선에 트럭, 버스, 승용차들로 넘쳐흘러 폭염에 매연으로 또다시 고역의 도보행군이다. 산길 국도를 이용하려다 시간 단축하려고 갈마터널로 들어서니 오히려 시원한 편이다. 어둠 속에서 점멸 경광봉을 흔들며 차량과 마주 보며 걸으니 오히려 운전기사들이

성남시청

조심운전으로 도보꾼(?)을 배려해준다. 고맙다! 분당 야탑의 콩국수 전문 사계진미에서 늦은 점심으로 콩국수 한 그릇! 사계진미는 TV프로 먹거리 X파일에서 소개된 '착한 식당' 15호점이라나? 아무튼 양도 많고 걸쭉한 콩국물이 입맛에 들어 뚝딱!

성남시청도 광주시청과 마찬가지로 전체적으로 규모가 크다. 또 노천광장을 품은 정원 같은 분위기 속 행정기관이다. 옥상에는 북카페도 있다. 청사 앞마당에 아직도 치유되지 않은 일본군 위안부 소녀상이 설치되어 있다. 고개숙여 인사드린다. 성남시청을 지나 탄천변을 끼고 있는 탄천종합운동장, 야구장도 성남시의 복합문화체육공간이다. 탑마을 대우APT에 사는 큰 매형 김사웅 님과 작은 매형 남기동 님이 마중 나와 격려차 횟집으로 데려가 주신다. 고맙다. 일상의 행복을 오롯하게 담아내는 오늘 하루가 즐겁다.

김사웅 님, 남기동 님과 함께

123일차   15.6.19.(금)

분당 탑마을 APT ~ 석촌호수 서호 수변무대

넌 정말 좋은 친구야!

▷ 들머리		분당 탑마을 APT		
1구간	09:30–09:50	방아다리 사거리	1.0km	20분
2	10:10–10:50	여수대교	2.8km	40분
3	11:10–11:40	태평동 물놀이장	2.6km	30분
4	12:00–13:00	대왕교(복정역)	3.5km	60분
5	14:00–15:00	탄천교	3.8km	60분
6	15:10–16:50	잠실 수상택시 승강장	6.3km	100분
7	17:00–17:20	신천역	1.1km	20분
▷ 날머리	17:30–17:50	석촌호수 서호 수변무대	1.4km	20분
▷ 합계			22.5km	350분

▷ 숙소   서울 자택

▷ 비용   조식 집밥/중식 김밥 2,000원/우유 1,000원/빵 1,000원/냉커피 2,000원/석식 족발, 보쌈/
계 6,000원

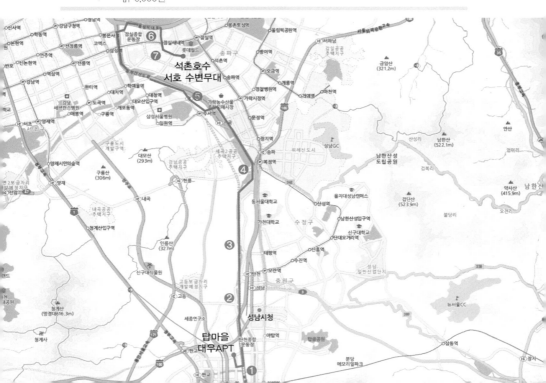

서울 도성길 5일 차! 국토 둘레길 종주 123일째 마지막 날이다. 분당구 이매동 방 아다리사거리 분식나라에서 김밥 2줄을 사서 길 건너 탄천 자전거도로로 내려가 다. 오늘 일정은 종합운동장 뒤 잠실 한강 공원까지 탄천을 따라 이어진 약 20㎞와 잠실 한강공원에서 석촌호수 입구까지의

판교테크노파크

2.5㎞ 도보종주이다. 탄천의 발원지는 경기 용인 구성읍 창덕리로 총연 장 69.2㎞가 잠실 한강공원 쪽으로 흘러나간다. 성남시의 11개 지류를 포함, 총 18개의 지류가 있다. 2000년 8월 성남시, 용인시, 과천시, 강남 구, 송파구, 서초구 등 자치단체가 탄천, 양재천 수질개선 및 환경개선

둔전교

보전을 위해 꾸준히 노력한 결과 자연하천 공원으로 탄생, 서울 강남, 용인, 과천 근교 의 휴식처가 되고 있다. 자전거 도로를 따 라 뙤약볕을 걷지만 기분은 더없이 상쾌하 다. 잠실까지 15개가 넘는 다리 중에서 제 법 다리 아래 그늘이 있는 곳이면 어김없이 조그만 포장마차가 자리하고 있고 주위에 자전거 라이더들이 6-7명씩 쉬고 있다. 냉 커피, 빙과류, 냉 막걸리(음주자전거 운전?)까지 마시며…

대왕교 아래로 돌멩이 친구 박상윤 님이 바쁜 사업체 일정을 잘라내고 기어이 동해, 남해, 서해 둘레길 동반 도보종주 약속을 지키지 못한 미 안함에 오늘은 기필코 마지막 약속을 지킨다고 찾아왔다. 둘이서 12㎞

탄천 서울둘레길

박상윤 님과

삼십리 길 남짓 걸었다. 잠실 한강공원에서 신천동 토끼굴을 빠져나와 신천역을 지나 상윤과 석촌호수 서호 수변무대에 도착하니 아내 박순자 님, 상윤 부인 이인애 님, 최영환, 부인 김혜숙 님과 부산에서 올라온 정성욱까지, 50년 징그런(?) 우정의 文友돌멩이 친구들이 환영해준다.

고맙다, 친구들아! 마지막 마무리로 족발, 보쌈과 종주기념패로 대미를 장식한다.

시인 출신 작사·작곡가인 정동진 님의 '천년지기' 후렴구가 가슴에 와 닿는다.

"친구야 우리 우정의 잔을 높이 들어 건배를 하자.
같은 배를 함께 타고 떠나는 인생길
네가 있어 외롭지 않아 넌 정말 좋은 친구야"

또 한번 고맙다, 친구들아! 넌 정말 좋은 친구야!

123일 3456㎞ 완주!

에필로그- 걷기를 끝내고

2013년 10월 1일부터 2015년 6월 19일까지 3년 동안 봄, 가을에 걸쳐 123일간 3,456㎞를 걸었다. 혹서기, 혹한기를 피하라는 삼성서울병원 순환기내과 최진오 교수님의 충고에 따랐다. 또한 국토대장정 인솔자로 전국을 누빈 곽경곤 님의 경험담과 조언이 큰 힘이 되었다. 그리고 그 누구보다도 사랑하는 가족, 박순자 님과 지용, 예원, 건호의 응원과 후원에 용기를 얻었다. 다만 몸 상태가 허락되지 않아 풍찬노숙을 하지 못하고 숙박여행으로 진행한 점은 무척 아쉽게 생각한다.

혼자서 걷는 길은 외롭지만 재미있다.

매일 반복되는 걸음이지만 사소한 사건은 매일 일어난다. 만나거나, 지나치거나 인연도 제각각이다. 길도 숲길, 들길, 해안길, 차도, 인도, 자전거 길 등 가리지 않는다. 날씨도 맑고, 흐리고 바람도 많고 적다. 살림살이 넉넉한 마을과 그렇지 않은 마을의 인정도 조금은 다르다. 공장지대를 지나면서 혼탁한 공기 속에서 땀 흘리며 일하는 산업역군들의 구릿빛 얼굴도 보았고 농촌 들녘의 논과 밭에서 팔순 넘긴 촌노의 굽은 허리도 보았으며, 어촌의 양식장 또는 어선에서 어부로 일하는 외국인 노동자도 만나 보았다.

혼자서 걷는 길은 때로는 새로운 길을 꿈꾼다.

위험한 4차선 도로에서는 시속 100㎞ 이상으로 질주하는 숱한 차량들로 인하여 잠시도 한눈 팔아서는 안 된다. 언젠가는 정부 유관단체와 지자체가 보다 편안하게 걸을 수 있는 둘레 길을 만들어 주길 기대해본다. 비록 내가 걸은 길이 3,456㎞(고도 차를 감안하면 4,000㎞가 넘을 것이다.)이지만 제대로 된 둘레 길을 만든다면 4,800㎞, 일만 이천리 금수강산길이 될 수 있겠다.

혼자서 걷는 길은 깨달음의 연속이다.

부처의 초기경집 '숫타니파타' 초반부에 '무소의 뿔처럼 혼자서 가라'는 잠언이 나온다. 세상 모든 일에 대한 집착을 버리고 자기 길을 가라는 가르침이다. 둘 이상 같이 걷노라면 서로 배려해야 한다. 제각각 편의성, 습관성에 집착하면 하루종일 서로 힘들 수 있다.

'일체유심조(一切唯心造)' 세상사 모든 일은 마음먹기에 달렸다. '화엄경'의 핵심사상이다. 비록 입문단계 근처에서 멈칫거려도 좋다. 누구나 철학자가 될 수 있다. 어느 시골 마을 할머니의 등 뒤 포대기에서 고개 돌려 침 흘리며 방긋 웃는 표정으로 잠든 아기의 얼굴이 바로 천사의 얼굴이다. '無念無想' 세속적인 모든 것을 잠시 털어버리는 나만의 여행을 떠나보자.

혼자서 걷는 길은 끊임없는 선택의 연속이다.

하루 평균 24~32㎞를 걸었고 주당 4~5일을 걷고 다시 서울로 돌아와서 일상의 일 처리가 반복되었다. 한 주일이 끝나기 전 다음 일정을 점검하고 혹시 시골 숙소가 빈방이 없는 경우를 대비하여 숙소도 예약해야 한다. 시골은 특히 잘 곳이 드문 경우가 많다. 식사와 간식도 빼놓을 수 없다. 해안가, 산길, 들길은 지도와 다를 수 있어서 2~3㎞ 걷고 난 후 길이 없어서 다시 되돌아오는 수도 있다. 특히 해안 길 비포장 길은 조심해야 한다. 산길에서는 터널을 만난다. 인제 돌산령 터널은 길이가 3㎞ (2,997m)인데 터널 속을 걸으면 40분이면 통과한다. 그런데 오후 늦게 양구 동면 팔랑리에 도착하면 해발 1,050m가 넘는 도솔산 453번 지방도로 12㎞ 구절양장 고갯길을 만난다. 이 산길로 간다면 4~5시간은 족히 걸어야 한다. 이럴 경우 선택의 여지가 있을까?

혼자서 걷는 길은 고마운 인연을 만나는 즐거움이 크다.

도보여행 중 먹거리와 숙소를 제공해주신 일산의 곽종두 님, 부산의 고석만 님, 이택환 님, 하동의 고광주 님, 최정선 님, 호미곶 올레길펜션 박세문 님, 거제도의 강작가 님, 양경삼 님, 강화도 배꽃게스트하우스 김남순 님, 여수의 정영호 님, 영종도의 박정일 님, 고흥의 이주영 님, 송상점 님, 부안의 개암죽염 회장 이경용 님, 철원군 근남면장 신해식 님과 DMZ 군사도로 차량 편의와 식사를 제공해주신 장연리-도창리 통제지역 초소장님과 군납차량 박찬갑 님, 포항 호미곶에서 차량 동승해주신 노신사 님, 화천 비수구미길을 함께해준 고교 동기 최영환 님 부부와 한강변과 탄천변을 함께한 이상섭 님, 박상윤 님이 고맙다.

또한 도보여행 중간 중간에 피로회복과 체력보강(?)에 도움을 주신 고정자 님, 고광열 님, 김사웅 님, 남기동 님, 이헌수 님, 박명자 님, 오장석 님, 김진원 님, 주시정 님, 오원준 님, 이문수 님, 성진섭 님, 최규윤 님, 김시호 님, 박동준 님, 배성흥 님, 김구수 님, 이욱 님, 김주진 님, 조재효 님, 김명수 님, 나철균 님, 안재남 님, 홍정화 님, 김정열 님, 최재복 님, 명영준 님, 한담 임완수 님도 무척 고맙다.

그리고 부산고 23회 동기회, 7298부대 전우회, 천마법우회, 대생동기회, 청맥회, 백두회, 백미회 회원들과 50년 동아리 돌멩이 문우들 역시 고마운 분들이다.

특히 신한금융지주회사 회장 한동우 님, 사장 이병찬 님, 동우회 회장 차외환 님을 비롯하여 송형주 님, 최동효 님, 안지수 님, 안경태 님, 배재건 님, 배삼용 님, 손동진 님, 나점용 님, 이기선 님, 여광섭 님, 손병석 님, 신준호 님 등 신한인 선후배의 따뜻한 후원에 감사드린다.

2016년 4월 군대 친구 서경덕 님의 초청으로 약 한 달간 트럭으로 미서부 캘리포니아주 롱비치하버를 출발하여 메릴랜드 주 볼티모어까지 왕복 5,713마일(9141㎞)을 달리는 동서 횡단 여행을 경험한 것도 무척 뜻깊다.

이제 남북이 소통되면 두만강, 압록강 길 1,400㎞, 신의주 판문점 길 700㎞, 온성 고성길 900㎞를 달려 북한땅 둘레길 3,000㎞도 걸어보고 싶다. 만약 통일이 훗날로 미루어진다면 두만강, 압록강 1,400㎞ 만이라도 뜻을 같이하는 지인들과 중국 쪽 강변길을 걸어보고 싶다.

책상 서랍 속에 묵혀 두었던 괴발개발 써둔 123일간의 여행일지를 정리하려니 부끄러워진다. 나 자신의 모자란 글솜씨가 부끄럽고 좀 더 성찰하지 못했던 주변의 모든 인연에게도 미안한 마음이다. 하지만 나를 아는 모든 분들에게 혼자 여행하는 즐거움의 편린이라도 나눌 수 있다면 그 또한 조그만 의미가 될 수 있겠다고 생각하여 책으로 엮었다. 도서출판 밥북 주계수 대표와 편집진 및 타이핑·교정 주한별 님에게도 감사드린다.

우리 땅 둘레길을 걷고 나서 벌써 18개월이 지났다. 그동안 울타리길 중에서 강릉 부채길(정동진-심곡항) 같은 새로운 길도 생겨났고 또 계속 이어질 것이다. 따라서 육지와 섬이 이어지고, 바닷가 절벽 길이 만들어지고, 걷기 힘들고, 인도가 없는 곳도 차츰 정비되어 금수강산 둘레길이 다듬어질 것이다. 혼자서, 때로는 여럿이 함께하는 아름다운 길이 계속 열릴 것이다.

"여행은 고생하며 수많은 갈림길을 만난다"고 당나라 시인 李白이 설파했다. 오늘도 한반도 미완성 둘레길을 걸어가는 나 자신을 꿈꾼다.

2017년 1월

如川 高洸熹